JN136360

職業訓練の種類	普通職業訓練
訓練課程の種類	短期課程 一級技能士コース
改定承認年月日	平成7年1月13日

一級技能士コース
仕上げ科

〈指導書〉

職業能力開発総合大学校 能力開発研究センター編

は し が き

　この指導書は，技能者が一級技能士コースに使用する「仕上げ科（選択：治工具仕上げ法），（選択：機械組立仕上げ法）」教科書を学習するにあたって，その内容を容易に理解することができるように，学習の指針として編集したものである。したがって，訓練受講者が自学自習するにあたっては，まず指導書により該当するところの「学習の目標」及び「学習のねらい」をよく理解した上で学習を進め，まとめとして章ごとの問題を解いていけば，学習効果を一層高めることができる。

　なお，この指導書の作成にあたっては，次のかたがたに作成委員としてご援助をいただいたものであり，その労に対し，深く謝意を表する次第である。

　　　　　作成委員（昭和63年2月）　（五十音順）
　　　　　　有馬　純孝　　職業訓練大学校
　　　　　　鈴木　秀夫　　山梨大学
　　　　　　野中　信一　　日本光学工業株式会社
　　　　　　浜本　達保　　愛知総合高等職業訓練校
　　　　　　村上　正也　　月島機械株式会社

　　　　　改定委員（平成8年3月）　（五十音順）
　　　　　　尾本　正次　　日産テクニカルカレッジ
　　　　　　菅野　正敬　　日産テクニカルカレッジ
　　　　　　公平　富市　　（元）東京職業能力開発短期大学校
　　　　　　中村　哲夫　　株式会社ミツトヨつくば研究所
　　　　　　御正　隆信　　（元）労働省安全衛生部
　　　　　　村上　正也　　（元）月島プラント工事株式会社
　　　　　　山崎　好知　　（元）神奈川総合高等職業訓練校
　　　　　　和田　正毅　　職業能力開発大学校

　　　　　　　　　　　（委員の所属は執筆当時のものです）

　　　　　　　　　　　　　　　　雇用・能力開発機構
　　　　　　　　　　　　　　　　職業能力開発総合大学校
　　　　　　　　　　　　　　　　能力開発研究センター

指導書の使い方

　この指導書は，次のような学習指針に基づき構成されているので，この順序にしたがった使い方をすることにより，学習を容易にすることができる。
1. 学習の目標
　　学習の目標は，教科書の各編（科目）の章ごとに，その章で学ぶことがらの目標を示したものである。
　　したがって，受講者は学習の始めにまず，その章の学習の目標をしっかりつかむことが必要である。
2. 学習のねらい
　　学習のねらいは，学習の目標に到達するために教科書の各章の節ごとにこれを設け，その節で学ぶ内容について主眼となるような点を明らかにしたものである。
　　したがって，受講者は学習の目標のつぎに学習のねらいによって，その節でどのようなことがらを学習するかを知ることが必要である。
3. 学習の手びき
　　学習の手びきは，受講者が学習の目標や学習のねらいをしっかりつかんで教科書の各章及び節の学習内容について自学自習する場合に，その内容のうち理解しにくい点や疑問の点，あるいはすでに学習したこととの関係などわかりにくいことを解決するため，教科書の各章の節ごとに設け，学習しやすいようにしたものである。
　　したがって，受講者はこれを利用することによって，教科書の学習内容を深く理解することが必要である。
　　ただし，教科書だけの学習で理解ができる内容については，学習の手びきを省略したものもある。
　　なお，学習の手びきで特に留意した点を示すと，
(1) 教科書の中で説明が不十分なところ，あるいは理解が困難と思われるところについて，補足的説明をしたこと。

(2) 学習を進めるときに，簡単な実験，実習を行ったり，また工場の見学などで実習効果を高められると考えられる場合は，その要点を説明したこと。
4．学習のまとめ
　　学習のまとめは，受講者が学習事項を最後にまとめることができるように教科書の各項の章ごとに設けたものである。したがって，受講者はこれによって，その章で学んだことが，確実に理解できたか，疑問の点はないか，考え違いや見落としたものはないか，などを自分で反省しながら学習内容をまとめることが必要である。
5．学習の順序
　　教科書およびこの書を利用して学習する順序をまとめてみると，つぎのとおりになる。

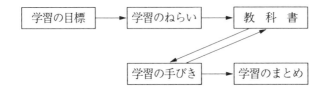

目　　次

第1編　手仕上げ法

第1章　手仕上げ ……………………………………………………………………… 2
第1節　手仕上げの概要 ………………………………………………………… 2
第2節　手仕上げ用工具の種類，形状および用途 ……………………………… 2
第3節　手仕上げ作業の方法 …………………………………………………… 3

第2章　けがき ………………………………………………………………………… 5
第1節　けがき用工具と塗料 …………………………………………………… 5
第2節　けがき作業の方法 ……………………………………………………… 6

第3章　切削工具の種類および用途 ………………………………………………… 9
第1節　バ　イ　ト ……………………………………………………………… 9
第2節　フ　ラ　イ　ス ………………………………………………………… 9
第3節　ド　リ　ル ……………………………………………………………… 10
第4節　リ　ー　マ ……………………………………………………………… 10
第5節　タップおよびダイス …………………………………………………… 11
第6節　研削といし ……………………………………………………………… 11

第4章　油圧および空圧装置 ………………………………………………………… 14
第1節　油圧の概要 ……………………………………………………………… 14
第2節　油圧の基礎 ……………………………………………………………… 14
第3節　油　圧　油 ……………………………………………………………… 15
第4節　油　圧　機　器 ………………………………………………………… 15
第5節　油圧基本回路 …………………………………………………………… 16
第6節　油圧の保守管理 ………………………………………………………… 16

第7節　空　気　圧 …………………………………………………………17
第8節　油圧および空気圧用図記号 ………………………………………17

第5章　工作測定の方法 ………………………………………………………20
第1節　測定の基礎 …………………………………………………………20
第2節　長さの測定 …………………………………………………………21
第3節　角度の測定 …………………………………………………………30
第4節　ねじの測定 …………………………………………………………34
第5節　表面粗さの測定 ……………………………………………………36
第6節　形状精度の測定 ……………………………………………………38

第6章　品　質　管　理 ………………………………………………………41
第1節　品質管理の効用 ……………………………………………………41
第2節　品質管理用語（統計的な考え方）………………………………42
第3節　管　理　図 …………………………………………………………43
第4節　抜取り検査 …………………………………………………………44

第2編　機　械　要　素

第1章　ねじおよびねじ部品 …………………………………………………47
第1節　ねじの原理 …………………………………………………………47
第2節　ねじの基礎 …………………………………………………………48
第3節　ねじ山の種類と用途 ………………………………………………48
第4節　ね　じ　部　品 ……………………………………………………48
第5節　座　　　　金 ………………………………………………………49

第2章　締結用部品 ……………………………………………………………51
第1節　キ　　ー …………………………………………………………51
第2節　コ　ッ　タ …………………………………………………………51
第3節　ピ　　　ン …………………………………………………………51

第4節　止　め　輪 …………………………………………………52
第5節　リベットおよびリベット継手 …………………………52

第3章　軸および軸継手 …………………………………………54
第1節　軸 ……………………………………………………………54
第2節　軸　継　手 …………………………………………………54

第4章　軸　　受 ……………………………………………………56
第1節　すべり軸受 …………………………………………………56
第2節　転がり軸受 …………………………………………………56

第5章　歯　　車 ……………………………………………………58
第1節　歯車の歯形 …………………………………………………58
第2節　歯車の種類 …………………………………………………58
第3節　歯車各部の名称 ……………………………………………59
第4節　歯形の修整 …………………………………………………59
第5節　歯　車　装　置 ……………………………………………59

第6章　ベルトおよびチェーン ……………………………………61
第1節　ベルトおよびベルト車 ……………………………………61
第2節　チェーンおよびスプロケット ……………………………61

第7章　ば　　ね ……………………………………………………63
第1節　ばねの種類と用途 …………………………………………63
第2節　ばねの力学 …………………………………………………63

第8章　摩擦駆動および制動 ………………………………………65
第1節　摩　擦　駆　動 ……………………………………………65
第2節　摩　擦　制　動 ……………………………………………65

第9章 カムおよびリンク装置 ……………………………………66
第1節 カ　　ム ………………………………………………66
第2節 リンク装置 ……………………………………………66

第10章 管，管継手，バルブおよびコック ……………………68
第1節 管 ………………………………………………………68
第2節 管　継　手 ……………………………………………68
第3節 密　封　装　置 ………………………………………68
第4節 バルブおよびコック …………………………………69

第3編　機械工作法

第1章 工作機械の種類および用途 ……………………………72
第1節 工作機械一般 …………………………………………72
第2節 各種工作機械 …………………………………………73

第2章 切　削　油　剤 …………………………………………77
第1節 切削油剤の必要性と性質および作用 ………………77
第2節 切削油剤の種類および用途 …………………………77

第3章 潤　　　滑 ………………………………………………79
第1節 潤滑の必要性 …………………………………………79
第2節 潤　滑　剤 ……………………………………………79
第3節 潤滑法（給油法）………………………………………80

第4章 その他の工作法 …………………………………………82
第1節 鋳　造　作　業 ………………………………………82
第2節 塑　性　加　工 ………………………………………82
第3節 溶　　　接 ……………………………………………83
第4節 表　面　処　理 ………………………………………83

第5節　粉末や金 …………………………………………………………………84

第4編　材料力学

第1章　荷重，応力およびひずみ ………………………………………………87
　　第1節　荷重および応力の種類 …………………………………………………87
　　第2節　荷重，応力，ひずみおよび弾性係数の関係 …………………………91

第2章　は　　　り …………………………………………………………………93
　　第1節　はりに働く力のつりあい ………………………………………………93
　　第2節　せん断力図と曲げモーメント図 ………………………………………93
　　第3節　はりに生ずる応力とたわみ ……………………………………………94

第3章　応力集中，安全率および疲労 …………………………………………98
　　第1節　応　力　集　中 …………………………………………………………98
　　第2節　安　　全　　率 …………………………………………………………98
　　第3節　金属材料の疲労 …………………………………………………………99

第5編　材　　　料

第1章　金　属　材　料 …………………………………………………………101
　　第1節　鋳鉄と鋳鋼 ………………………………………………………………101
　　第2節　炭素鋼と合金鋼 …………………………………………………………102
　　第3節　銅と銅合金 ………………………………………………………………102
　　第4節　アルミニウムとアルミニウム合金 ……………………………………102
　　第5節　超硬焼結工具材料 ………………………………………………………103
　　第6節　その他の金属と合金 ……………………………………………………103

第2章 金属材料の諸性質 …………………………………………105
- 第1節 引張強さ …………………………………………………105
- 第2節 伸 び …………………………………………………105
- 第3節 延性および展性 …………………………………………105
- 第4節 硬 さ …………………………………………………106
- 第5節 加工硬化 …………………………………………………106
- 第6節 もろさおよび粘り強さ …………………………………106
- 第7節 熱膨張 …………………………………………………107
- 第8節 熱伝導 …………………………………………………107

第3章 材料試験 …………………………………………………108
- 第1節 引張試験 …………………………………………………108
- 第2節 曲げ試験 …………………………………………………108
- 第3節 硬さ試験 …………………………………………………108
- 第4節 衝撃試験 …………………………………………………109
- 第5節 非破壊試験 ………………………………………………109
- 第6節 火花試験 …………………………………………………110

第4章 金属材料の熱処理 ………………………………………111
- 第1節 焼入れ ……………………………………………………111
- 第2節 焼もどし …………………………………………………111
- 第3節 焼なまし …………………………………………………111
- 第4節 焼ならし …………………………………………………112
- 第5節 表面硬化処理 ……………………………………………112

第5章 加熱装置 …………………………………………………114
- 第1節 電気抵抗炉 ………………………………………………114
- 第2節 ガス炉 ……………………………………………………114
- 第3節 重油炉および軽油炉 ……………………………………115
- 第4節 熱浴炉 ……………………………………………………115

第5節　その他の炉 …………………………………………………115
　　第6節　高周波加熱装置 ……………………………………………116
　　第7節　炎熱処理装置 ………………………………………………116

第6章　非金属材料 ………………………………………………………118
　　第1節　研 削 材 料 …………………………………………………118
　　第2節　パッキン，ガスケット用材料 ……………………………118
　　第3節　その他の材料 ………………………………………………119

第6編　製　　図

第1章　製図の概要 ………………………………………………………121
　　第1節　製図の規格 …………………………………………………121
　　第2節　図面の形式 …………………………………………………122

第2章　図形の表し方 ……………………………………………………123
　　第1節　投　影　法 …………………………………………………123
　　第2節　図形の表し方 ………………………………………………123
　　第3節　断面図の示し方 ……………………………………………124
　　第4節　特別な図示方法 ……………………………………………124

第3章　寸 法 記 入 ………………………………………………………126
　　第1節　寸法記入方法の一般形式 …………………………………126
　　第2節　寸法の配置 …………………………………………………126
　　第3節　寸法補助記号の使い方 ……………………………………127
　　第4節　曲線の表し方 ………………………………………………127
　　第5節　穴の表し方 …………………………………………………127
　　第6節　キー溝の表し方 ……………………………………………128
　　第7節　テーパ・こう配の表し方 …………………………………128
　　第8節　その他の一般的注意事項 …………………………………128

第4章 寸法公差およびはめあい …………………………………………130
第1節 寸 法 公 差 ……………………………………………………130
第2節 は め あ い ……………………………………………………130
第3節 はめあい方式 ……………………………………………………131
第4節 寸法の許容限界記入方法 ………………………………………131

第5章 面の肌の図示方法 ………………………………………………133
第1節 表 面 粗 さ ……………………………………………………133
第2節 面の肌の図示方法 ………………………………………………133
第3節 従来用いられてきた記入方法 …………………………………134

第6章 幾何公差の図示方法 ……………………………………………135
第1節 平面度・直角度などの図示方法 ………………………………135

第7章 溶 接 記 号 ………………………………………………………136
第1節 溶 接 記 号 ……………………………………………………136

第8章 材 料 記 号 ………………………………………………………137
第1節 材 料 記 号 ……………………………………………………137

第9章 ねじ・歯車などの略画法 ………………………………………138
第1節 ね じ 製 図 ……………………………………………………138
第2節 歯 車 製 図 ……………………………………………………138

第7編 電　気

第1章 電気用語 …………………………………………………………141
第1節 電　　流 …………………………………………………………141
第2節 電　　圧 …………………………………………………………141
第3節 電　　力 …………………………………………………………142

第4節　電気抵抗 …………………………………………………142
　　第5節　絶縁抵抗 …………………………………………………142
　　第6節　周波数 ……………………………………………………143
　　第7節　力率 ………………………………………………………143

第2章　電気機械器具の使用方法 …………………………………………146
　　第1節　開閉器の取付けおよび取扱い …………………………146
　　第2節　ヒューズの性質および取扱い …………………………146
　　第3節　電線の種類および用途 …………………………………146
　　第4節　交流電動機の回転数，極数および周波数の関係 ……147
　　第5節　電動機の始動方法 ………………………………………147
　　第6節　電動機の回転方向の変換方法 …………………………147
　　第7節　電動機に生じやすい故障の種類 ………………………148
　　第8節　電気制御装置の基本回路 ………………………………148

第8編　安全衛生

第1章　労働災害のしくみと災害防止 ……………………………………152
　　第1節　安全衛生の意義 …………………………………………152
　　第2節　労働災害発生のメカニズム ……………………………152
　　第3節　健康な職場づくり ………………………………………153

第2章　機械・設備の安全性と職場環境の快適化 ………………………154
　　第1節　安全化・快適化の基本 …………………………………154
　　第2節　機械・設備の安全化 ……………………………………154
　　第3節　作業環境の快適化 ………………………………………154
　　第4節　定期の点検 ………………………………………………155

第3章　機械・設備 …………………………………………………… 157
第1節　作業点の安全対策 ……………………………………………… 157
第2節　動力伝導装置の安全対策 ……………………………………… 157
第3節　工作機械作業の安全対策 ……………………………………… 157

第4章　手工具 ………………………………………………………… 159
第1節　手工具の管理 …………………………………………………… 159
第2節　手工具類の運搬 ………………………………………………… 159

第5章　電気 …………………………………………………………… 161
第1節　感電の危険性 …………………………………………………… 161
第2節　感電災害の防止対策 …………………………………………… 161

第6章　墜落災害の防止 ……………………………………………… 163
第1節　高所作業での墜落の防止 ……………………………………… 163
第2節　開口部からの墜落の防止 ……………………………………… 163
第3節　低位置からの墜落の防止 ……………………………………… 163

第7章　運搬 …………………………………………………………… 165
第1節　人力，道具を用いた運搬作業 ………………………………… 165
第2節　機械による運搬作業 …………………………………………… 165

第8章　原材料 ………………………………………………………… 167
第1節　危険物 …………………………………………………………… 167
第2節　有害物 …………………………………………………………… 167

第9章　安全装置・有害物制御装置 ………………………………… 169
第1節　安全装置・有害物制御装置 …………………………………… 169
第2節　安全装置・有害物制御装置の留意事項 ……………………… 169

第10章 作業手順 …………………………………………………………171
第1節 作業手順の作成の意義と必要性 ………………………………171
第2節 作業手順の定め方 …………………………………………… 171

第11章 作業開始前の点検 ……………………………………………172
第1節 安全点検一般 …………………………………………………172
第2節 法定点検 ………………………………………………………172

第12章 業務上疾病の原因とその予防 ………………………………173
第1節 有害光線 ………………………………………………………173
第2節 騒　　音 ………………………………………………………173
第3節 振　　動 ………………………………………………………173
第4節 有害ガス・蒸気 ………………………………………………174
第5節 粉　じ　ん ……………………………………………………174

第13章 整理整とん，清潔の保持 ……………………………………176
第1節 整理整とんの目的 ……………………………………………176
第2節 整理整とんの要領 ……………………………………………176
第3節 清潔の保持 ……………………………………………………176

第14章 事故等における応急措置および退避 ………………………178
第1節 一般的な措置 …………………………………………………178
第2節 退　　避 ………………………………………………………178

第15章 労働安全衛生法とその関係法令 ……………………………179
第1節 総　　則 ………………………………………………………179
第2節 作業主任者 ……………………………………………………179
第3節 労働災害を防止するための措置 ……………………………180
第4節 労働災害を防止するための労働者の責務 …………………180
第5節 安全衛生教育 …………………………………………………181

第6節　就業制限 …………………………………………………………181
第7節　健康管理 …………………………………………………………182
第8節　労働基準法 ………………………………………………………182

[選択] 治工具仕上げ法

第1章 治工具の種類，構造および用途 ……187
- 第1節 ジグの使用目的と計画 ……187
- 第2節 各種ジグの形式と構造および材質 ……188
- 第3節 ジグ材料および工具材料とジグ部品 ……188
- 第4節 ジグ設計製作上の注意 ……190

第2章 測定機器の種類および用途 ……192
- 第1節 投 影 機 ……192
- 第2節 測定顕微鏡 ……193
- 第3節 三次元測定機 ……194
- 第4節 ゲ ー ジ ……194

第3章 治工具の製作方法 ……196
- 第1節 工作機械の用途 ……196
- 第2節 治工具の製作方法 ……197

第4章 ジグの組立て，調整および保守 ……201
- 第1節 組立て作業の基本と手順 ……201
- 第2節 各種ジグの組立てと使用例 ……201
- 第3節 ジグの保守と点検 ……202

[選択] 機械組立て仕上げ法

第1章 機械組立ての段取り ……………………………………………207
第1節 組立て作業の準備 ……………………………………………207
第2節 組立て作業の段取り …………………………………………208

第2章 機械部品の組付けおよび調整 …………………………………210
第1節 締結部品による組付け作業 …………………………………210
第2節 軸関係の組付け作業 …………………………………………213
第3節 伝動装置部品の組付け作業 …………………………………214
第4節 シール部品の組付け …………………………………………216
第5節 ばね部品の組付け ……………………………………………218

第3章 機械の組立て調整作業 …………………………………………220
第1節 すべりしゅう動部の組立て作業 ……………………………220
第2節 ねじ機構の組付け ……………………………………………221
第3節 機械の組立て調整 ……………………………………………222
第4節 機械のすえ付けと試運転 ……………………………………224
第5節 機械の保全と調整 ……………………………………………224

第4章 製品の各種試験方法 ……………………………………………227
第1節 機械の精度検査と運転検査 …………………………………227
第2節 耐圧および気密試験 …………………………………………228
第3節 釣合い試験 ……………………………………………………228
第4節 騒音の測定 ……………………………………………………230
第5節 振動の測定 ……………………………………………………231

第5章 ジグ,取付け具 …………………………………………234
第1節 ジグ,取付け具の使用目的と区別 …………………………234
第2節 ジグ,取付け具の分類 ………………………………………234
第3節 ジグ取付け具の基本構造 ……………………………………235
第4節 工作機械で使われるジグ,取付け具 ………………………235

第1編　手仕上げ法

学習の目標

　技術革新の進展などにより，工作機械の進歩は著しいが，いかに精度の優秀な工作機械であっても，工作機械のみで切削加工されたままで，商品として通用するものはほとんどないといっていいくらい見当たらない。製品として世に出るには工作機械による加工の前後に種々の工作作業を経ることとなる。

　工作機械で加工する前の段階，機械加工が終わった工作物を仕上げる段階，さらに組立てて調整する段階などどうしても人手によらなければならない。

　このように人手によって行う作業を仕上げ作業といい，機械製品や金属製品を完成させるうえで重要な位置を占めている。

　第1編はつぎの各章より構成されている。

　　　第1章　手仕上げ
　　　第2章　け　が　き
　　　第3章　切削工具の種類および用途
　　　第4章　油圧および空圧装置
　　　第5章　工作測定の方法
　　　第6章　品　質　管　理

　これらの各章は相互に関連のあることがらが多い。たとえば，第1章の手仕上げと第2章のけがき，第3章の切削工具の種類および用途，第5章の工作測定の方法があげられる。

　したがって，本編を勉強するには，まず一気に第1章から第6章まで読んでしまって，それぞれの章の内容を大づかみにとらえてから，第1章から順に改めて勉強するようにし，このときは関連のある他の章も対比しながら進むと総合的に理解できる。

第1章 手仕上げ

第1節 手仕上げの概要

―― 学習のねらい ――
ここでは，機械製作における手仕上げの必要性について学ぶ。

学習の手びき

生産工程の機械化が進んでも，手仕上げの必要性が強調されていることを理解すること。

第2節 手仕上げ用工具の種類，形状および用途

―― 学習のねらい ――
ここでは，つぎのことがらについて学ぶ。
（1）万力や定盤などの工作物の支持を目的とする工具の種類と特徴
（2）たがね，やすり，きさげの種類と加工法による選択および特徴
（3）穴あけ用工具，ねじ切り，リーマ通し用工具の種類および用途
（4）ラップ工具，ラップ剤，ラップ液の種類および特徴
（5）のこ引き用工具およびみがき作業用工具の種類および用途

学習の手びき

手仕上げにおいて使用される各種工具の種類，用途，特徴などのことがらについて十分理解すること。

第3節　手仕上げ作業の方法

―― 学習のねらい ――

ここでは，つぎのことがらについて学ぶ。
(1) はつり作業における工作物の取付け方，片手ハンマとたがねの持ち方，はつりの姿勢，平面はつり，切断の仕方および刃先のとぎ方
(2) やすり作業の準備，やすり作業の基本姿勢とやすりのかけ方，平面，曲面などの仕上げ法
(3) きさげ作業の用途と特徴，工作物のすえ付け，刃先のとぎ方，平面および曲面仕上げの要領，赤当たり，黒当たり
(4) ドリルの穴あけ作用，ドリル刃先の形状と加工材質および切削条件，穴あけ作業の注意点
(5) ねじ切りにおけるタップ，ダイスの取扱い方，めねじ切りの下穴算出。
(6) リーマ作業の目的とリーマの選定，刃先の形状と切削条件および切削作用，リーマ通しの注意点
(7) ラップ仕上げの用途と特徴，平面および曲面のラップ仕上げの要領，平面検査
(8) 金切りのこ作業における切断材料の形状と弓のこの使い方，切断作業の注意点
(9) 磨き作業の目的と研磨材の選定，磨き作業の種類と特徴

学習の手びき

　各種手仕上げ工具の使い方，作業の方法，注意点など手仕上げ作業において最も重要なことがらであり十分理解すること。

第1章の学習のまとめ

　この章では，手仕上げに関して，つぎのことがらについて学んだ。
(1) 機械製作のなかにおける手仕上げ作業の分野とその重要性

(2) 万力，ハンマ，すり合わせ定盤，たがね，やすり，きさげなどの工具の種類，大きさ，用途，使い方，作業法
(3) ドリル，リーマ，タップ，ダイス，のこ刃などの切削工具の種類と用途，使い方
(4) ラップ仕上げ，みがき作業の目的と用途，作業法

【練習問題の解答】
1．(1) ×（第2節2．2(2)参照）　複目やすりは，先に切った目を下目，後で切った目を上目という。
　　(2) ×（第2節2．2(3)参照）　鋳鉄の仕上げのきさげかけの刃先角度は90～120°が適当である。
　　(3) ×（第3節3．3(2)参照）　鋳鉄定盤のすり合わせでは荒どりから中どりぐらいまでは赤当たり，中どり途中ぐらいから黒当たりに切り替えて，最終精度は黒当たりで判断する。
　　(4) ○（第3節3．2(1)参照）
　　(5) ×（第3節3．4(2)参照）　ドリルのチゼル刃の修正は，ドリルの送り抵抗力を増すのではなく少なくする。
　　(6) ○（第3節3．5(2)参照）
2．左ねじれのリーマは，右に回すと押しもどす方向に力が働くので，食い込みは少ないが安定した加工ができ，美しく精密な穴に仕上げられる。
3．ラップ油よりラップ剤のほうが多いと，すり合わせのときラップ剤（と粒）が端によせられて端のほうが余分に削られる。そのため中高になる。
4．磨きに使用される研磨剤は，目的によって違うが，もともと精度を出す目的ではなく，工作物の表面を美しくするための磨き作業である。したがって，前加工の精度以上に向上させることはできない。

第2章 けがき

第1節 けがき用工具と塗料

--- 学習のねらい ---

ここでは，つぎのことがらについて学ぶ。
（1） けがき用定盤をはじめとする工作物の支持を目的とする工具の種類と使用法
（2） トースカンやハイトゲージをはじめとする測定器あるいは心出し用工具の種類と使用法
（3） けがき針，コンパスなどの線引きや割出しに使用する工具の種類と用途
（4） ポンチをはじめとする補助工具の種類と用途
（5） けがき用塗料の種類，用途および使用法

学習の手びき
（1） けがき用工具の種類にはどのようなものがあるか。
（2） けがき用工具の用途はなにか。
（3） けがき用塗料の種類にはどのようなものがあるか。
（4） けがき用塗料の用途はなにか。
以上のことがらについて十分理解すること。

第2節　けがき作業の方法

学習のねらい

ここでは，次のことがらについて学ぶ。
(1) 基準面を考慮した工作物のすえ付け方
(2) けがき線の引き方とけがき針の使い方
(3) 寸法のとり方
(4) 中心の求め方
(5) 工作物の形状とその目的別けがき法
(6) レイアウトマシンの構造と特徴

学習の手びき
(1) 基準面のとり方にはどのような方法があるか。
(2) 工作物のすえ付けにはどのような方法があるか。
(3) けがき線，捨てけがきとの区別はなにか。
(4) 寸法のとり方にはどのような種類があるか。
(5) 中心の求め方にはどのような方法があるか。
(6) 工作物に対応したけがきにはどのような方法があるか。
(7) レイアウトマシンの構造と特徴はなにか。

　仕上げ作業におけるけがきには，穴あけ，ねじ切り，各種の寸法とりなど多くの作業が含まれるので，読図の正確性，加工目的などを理解するとともに，以上のことがらについて十分理解すること。

第2章の学習のまとめ

　従来のけがき作業は，鋳造品，鍛造品などの基準面けがきあるいはつぎの工程のための穴位置，面などの寸法けがきであったが，最近ではこれらの一次加工でのけがきが省略され，さらに二次加工ではジグ，取付け具の発達によりやはり省略される傾向にある。しかし，最近ではジグ，取付け具が利用できない大形部品や製作個数が少なくて，ジグ，取付け具の製作費用が生み出せない場合などでは，ますます重要視される傾向にある。

　この章では，けがきについて，つぎのことがらについて学んだ。

（1）　機械工場，仕上げ・組立て（治工具）工場におけるけがき作業の必要性

（2）　けがき用定盤，Ｖブロック，金ます，豆ジャッキなどの工作物保持用工具の種類，用途，使用法

（3）　角度定規，心出し定規，けがき針，コンパス，トースカンなどの種類，用途，使用法

（4）　けがき用塗料の種類，用途

（5）　けがき作業の準備，順序とけがき作業例

【練習問題の解答】

1. (1)　○（第1節1．1(3)参照）

　　(2)　×（第2節2．2(4)参照）　トースカンをスケールの寸法に合わせるとき，針先を近づけて高さを調整するが，試し引きをすると線が重なって見えにくくなるので，試し引きはしない。

　　(3)　○（第1節1．1(9)参照）

　　(4)　×（第2節2．1(2)参照）　豆ジャッキは3点支持のほうが調整しやすい。

　　(5)　×（第2節2．3(1)参照）　心出し定規は，丸棒端面の中心を求めるのに用い，鋳抜き穴などは心金を使って片パスにより中心を求めていくのが普通である。

2．一番けがきとは，鋳造あるいは鋳造品などを機械加工にかける前に，材料の削りしろや形状などを確かめ，所定の寸法に対する基準線を求めて次の加工のための荒どりけがきをいう。これに対して，この荒どり加工面を基準にして，次の加工のためのけがきを二番けがきと呼んでいる。

3．捨てけがきとは，一般に寸法けがき線まで切削加工されるが，けがき線は消えてポンチマーク1つだけが半分残ることなになる。正しくけがき線まで加工されたかどうか確かめるために，寸法けがき線に平行な線を引いておく。工作物の大きさにもよるが，5mmとか10mmとか一定してけがきされる。

4．丸棒あるいは異形状のものは，定盤上においてのけがき作業は困難がともなうので，金ますに取り付けて行う。この場合直角に倒したり，角度の設定もしやすいなど利点が多い。

5．縦スケール，横スケールおよび水平アームの先端には360°回転のスクライバをもち，ベース面に取り付けてあるリニアスケールにより材料は1回のすえ付けで5～6面（三次元）のけがきを行うことができる。

第3章　切削工具の種類および用途

第1節　バ　イ　ト

学習のねらい

ここでは，つぎのことがらについて学ぶ。
（1）バイト各部の名称，刃部の形状および切削作用
（2）旋盤用バイトの種類および用途
（3）平削り盤，形削り盤，立削り盤用バイトの種類と特徴
（4）バイトの材料とチップの種類

学習の手びき
（1）バイトの刃先形状の中で切削作用におよぼす影響はなにか。
（2）旋盤用バイトの形状と用途はなにか。
（3）旋盤用バイトと形削り盤用バイトとでは，バイトの形状に大きな違いがあるがなぜか。
以上のことがらについて十分理解すること。

第2節　フ　ラ　イ　ス

学習のねらい

ここでは，つぎのことがらについて学ぶ。
（1）フライス各部の名称，刃部の形状および切削作用
（2）ひざ形横フライス盤用フライスの種類と用途
（3）ひざ形立フライス盤用フライスの種類と用途
（4）フライスの材料
（5）フライスの切削作用

学習の手びき
(1) フライス各部の名称，刃部の形状はどうか。
(2) フライスの種類および用途はなにか。
(3) フライスの切削作用はなにか。
以上のことがらについて十分理解すること。

第3節　ド　リ　ル

--- 学習のねらい ---

ここでは，つぎのことがらについて学ぶ。
(1) ドリルの各部の名称，刃先先端角度，切削作用
(2) ドリルの種類と用途
(3) ドリルの切削作用

学習の手びき
(1) ドリル各部の名称，刃先先端の形状はどうか。
(2) ドリルの種類および用途はなにか。
(3) ドリルの切削作用はなにか。
以上のことがらについて十分理解すること。

第4節　リ　ー　マ

--- 学習のねらい ---

ここでは，つぎのことがらについて学ぶ。
(1) 手回しリーマの種類と用途
(2) 機械用リーマの種類と用途

学習の手びき
(1) 手回しリーマの種類および用途はなにか。
(2) 機械用リーマの種類および用途はなにか。

以上のことがらについて十分理解すること。

第5節　タップおよびダイス

― 学習のねらい ―

ここでは，つぎのことがらについて学ぶ。
(1)　タップ，ダイスの種類と用途
(2)　タップの下穴とねじのひっかかり率
(3)　タップ，ダイスの材料

学習の手びき

(1)　タップ各部の名称，食い付き部の形状はどうか。
(2)　手回しタップの種類および用途はなにか。
(3)　機械用タップの種類はなにか。
(4)　タップの材料はなにか。
(5)　ダイスの種類および用途はなにか。
(6)　ダイスの材料はなにか。

以上のことがらについて十分理解すること。

第6節　研削といし

― 学習のねらい ―

ここでは，つぎのことがらについて学ぶ。
(1)　研削といしの3要素ととの粒の研削作用
(2)　といしの最高使用周速度と取扱い上の注意事項
(3)　研削といしの形状と用途

学習の手びき

(1)　研削といしの3要素はなにか。
(2)　研削といしの最高使用周速度とはなにか。

(3) と粒の切削作用はなにか。
(4) 研削といしの種類と用途はなにか。
以上のことがらについて十分理解すること。

第3章の学習のまとめ

切削工具，研削といしおよびと粒の切削作用に関して，つぎのことがらについて学んだ。
(1) バイトの種類と用途
(2) フライスの種類と用途
(3) ドリル各部の名称，種類および用途
(4) 切削工具材料の種類と特徴およびそれぞれの適する工作法
(5) 研削といしの3要素
(6) 研削といしの材質と性質の相違点
(7) 研削といしの形状，寸法およびそれぞれの適する工作法
(8) 研削といしの最高使用周速度
(9) 研削といしの取扱い上の注意事項

【練習問題の解答】

1. (1) ○ (第1節1．1(2)参照)
   (2) × (第1節1．1(3)参照)　腰折れバイトは形削り盤，平削り盤のように直線切削をする工作機械用のバイトとして使われるもので，刃先の高さがシャンクの底面と同一またはそれ以下のものを使う。
   (3) × (第2節2．1(2)参照)　平フライスは，横フライス盤または万能フライス盤に使用するフライスで，平面を仕上げるのに用いる。
   (4) × (第1節1．2参照)　チップを機械的にシャンクに締め付ける方式にしたものをスローアウェイチップと呼んでいる。
   (5) ○ (第2節2．1(3)参照)
   (6) ○ (第6節6．1(1)参照)

2. 研削といしは，と粒と，そのと粒を結合保持する結合剤と研削くずを排除する穴の働きをする気孔よりなっていて，と粒，結合剤，気孔を研削といしの3要素という。
3. すりわりフライスは，外周面に切れ刃をもつもので，ねじ頭のすりわりの加工に用い，メタルソーは，刃部のランドに逃げ面をもち，チップポケットも大きく材料の切断あるいは溝加工に使われる。

第4章　油圧および空圧装置

第1節　油圧の概要

> **学習のねらい**
>
> ここでは，油圧とはどういうものかについて学ぶ。

学習の手びき

（1）油圧のしくみはどのようになっているか。

（2）油圧の利点と欠点はなにか。

以上のことがらについて理解すること。

《参考》

油圧の定義：狭い意味では，油に与えられた圧力，あるいは圧力のエネルギーということであるが，一般には，原動機で油圧のポンプを駆動して，機械的エネルギーを油の流体エネルギー（主として圧力エネルギー）に変換し，これを自由に制御して，機械的運動や仕事を行わせる一連の装置あるいは方式を総称して油圧という。そしてこれに使用される機械および器具を油圧機器といい，油圧作動用の油を油圧油あるいは作動油という。

第2節　油圧の基礎

> **学習のねらい**
>
> ここでは，油圧の基礎となる流体のもつ性質について学ぶ。

学習の手びき

（1）パスカルの原理と圧力の関係（SI単位について）はなにか。

（2）流体の性質はなにか。

以上のことがらについて理解すること。

第3節 油　圧　油

――― 学習のねらい ―――

　ここでは，油圧油に要求される性質と油圧油の種類について学ぶ。

学習の手びき
（1）油圧油に要求される性質はなにか。
（2）油圧油にはどのような種類があるか。
以上のことがらについて理解すること。

《参考》
（1）油圧油の選定
　油圧油の粘度は，油圧装置の性能や寿命に大きく影響するので，適性粘度の選定は重要である。現状では，油圧ポンプのメーカーが規定する推奨粘度によって油圧油が選定されるのが普通である。
（2）油圧油の添加剤
　油圧油に要求される性質を向上させるため，酸化防止剤，さび止剤，消泡剤，粘度指数向上剤，油性向上剤など各種の添加剤が広く用いられている。

第4節　油　圧　機　器

――― 学習のねらい ―――

　ここでは，油圧装置を構成している油圧機器の種類，構造および作動について学ぶ。

学習の手びき
（1）油タンク
（2）油圧ポンプ
（3）圧力制御弁（リリーフ弁，減圧弁）
（4）流量制御弁

(5) 方向制御弁
(6) 油圧モータ
(7) 油圧付属機器

以上の機器が，油圧機器を構成している機器としてあげられているが，これらの機器の種類，作動などが次節の「油圧基本回路」と密接な関連があるので理解すること。

第5節　油圧基本回路

― 学習のねらい ―

ここでは，基本的な油圧回路を知り，前節で学んだ油圧機器がどのように組み合わされて使用されるのかを学ぶ。

学習の手びき

前節の油圧機器のおのおのの働きを理解して，回路の動作を考えること。記号は，第8節を参照のこと。

第6節　油圧の保守管理

― 学習のねらい ―

ここでは，油圧装置の作動を正常に保つための保守管理について学ぶ。

学習の手びき
(1) 油圧装置のトラブルの大きな原因となる油圧油の劣化の原因はなにか。
(2) 油圧装置の故障の原因とその対策はなにか。
以上のことがらについて理解すること。

《参考》
(1) 油圧油の劣化の調べ方

教科書に述べたように効果的な判断法はないが，現場的な簡単な方法として，つぎのようなものがあり，ある程度の劣化の状況を知ることができる。

(a) 使用中の油と新しい油とを比べて，色の変化や沈殿物の有無を確かめる。また

激しく振ってみて発生した泡の消えぐあいを比べる。
（b）　新しい油と使用中の油のにおいをかいでみて，刺激的な悪臭がないかを確かめる。
（c）　250℃程度に熱した鉄板の上に使用中の油を1滴落として，パチパチとはねる音がすれば水分が含まれている。
（d）　乾燥したろ紙の上に使用中の油を1滴落として，広がった輪の色や大きさを新しい油と比べる。輪の中央部が濁っているときは不溶性の不純物がまざっている。

第7節　空　気　圧

――　学習のねらい　――

ここでは，つぎのことがらについて学ぶ。
（1）　空気圧と油圧の比較
（2）　空気圧機器の種類，構造および機能
（3）　空気圧を利用した制御方式と構成機器

学習の手びき
（1）　空気圧と油圧の違いはなにか。
（2）　空気圧制御方式にはどのような方式があるか。
（3）　空気圧制御回路はどのような機器で構成されているか。
以上のことがらについて理解すること。

第8節　油圧および空気圧用図記号

――　学習のねらい　――

ここでは，制御用流体関係機器および装置の機能を図式に表示するために使用される主な記号について学ぶ。

学習の手びき
機器の種別，制御の方式別の図記号について理解すること。

第4章の学習のまとめ

身近にある油圧装置および空気圧装置と，この章で学んだことをつぎのことがらについて比較し，復習に役立てるように努めること。
（1） 実際の装置の構成を，駆動源，制御部および駆動部の3つの部分に分けて，使用されている機器および回路の作動状態の理解
（2） 今までに発生した故障の原因とその修理の状態の理解

【練習問題の解答】

1. (1) 制御部（第1節1．1参照）
   (2) 1(Pa)（第2節2．1参照）
   (3) 圧縮性（第2節2．5参照）
   (4) 合成油圧油（第3節3．2参照）
   (5) 絞り（第4節4．4参照）
   (6) 機器の汚れ（第7節7．2参照）
2. 油圧装置内の流体の流れにおいて低圧部が生じると流体中に溶解していた空気が気泡となり，そこに空洞が生じる。このような現象をいう。（第2節参照）
3. リリーフ弁は，油圧回路の圧力を設定圧力以下に制限する弁をいい，減圧弁は油圧回路の一部をリリーフ弁の設定圧力以下に減圧したい場合に用いられる弁である。（第4節参照）
4. 油圧油の劣化の原因として，次のことが考えられる。
(1) 回路を作った時点での溶接のスケール，破片，鋳物砂，切りくず，繊維類，さび，シール材などの不純物や外部からのごみの侵入
(2) 油圧油の中の気泡（第6節参照）
5. 油圧と空気圧を利用する立場から比較すると次のような違いがある。
(1) 空気は圧縮性流体で，油は非圧縮性流体である。
(2) 油圧では外部への漏れに対して厳しいが，機器内の漏れに対しては漏れた油をタンクに戻すことを常に考えている。空気圧では機器内での漏れが致命的な事故になる場合がある。
(3) 使用圧力範囲が，油圧に比べて空気圧は低い。
(4) 空気には，油のような潤滑性がなく，さびなどを発生させる水分を含んでいる。

(5) 空気圧の場合,使用する流体が,空気であるから故障しても取扱いが簡単である。
(6) 空気圧の場合,引火する心配がないため,防爆を必要とする場所にも安心して利用できる。(第7節参照)

第5章　工作測定の方法

第1節　測定の基礎

学習のねらい

ここでは，測定の基礎について学ぶ。

学習の手びき
(1) 測定の目的その位置づけはなにか。
(2) 測定の種類，測定の誤差とはなにか。
(3) 測定器の感度と測定精度とはなにか。
以上のことについて十分理解すること。

《参考》

品物の寸法・形状を測定するには，その測定の目的を明確にしなければならないこと，測定の目的によって測定方法，測定条件，測定機器などが選定されることなどを理解することが大切である。

また，測定と検査とは異なる行為であることを明確に理解するとともに，検査で品物の品質を維持する時代ではなくなっていることも理解しなければならない。

測定の種類を示す直接測定，間接測定の区別は測定量の種類によって区別されるのではなく，測定方法の差異によって決められる。一方，あらかじめ定めた基準と測定量の大小を比較する測定が比較測定であり，測定量を構成する基本量のみの測定から定義式に基づいて測定値を導く測定が絶対測定となる。

これらのことがらは測定方法，測定機器の使い方などを理解するときに重要になるために，内容的によく理解することが大切である。

測定に携わる人は誰でも「誤差」という言葉は知っていると思われる。ところが，この誤差を定量的に求めることについては，よく理解されていないことが多い。「誤差＝測定値－真の値」によって実際的に誤差が求められると思われていることが多い。また，測定値のばらつきの程度を求めて，これを測定の誤差として扱っていることも多く見受けられる。

測定目的に照らして，被測定物の特性，測定環境，測定方法，測定条件，測定結果の処理などに対する約束ごとが定められて，はじめて測定の誤差が定量的に推定されることを理解することが肝要となる。とくに，測定結果の「正確さ」を問題にするときには，どのようなものを標準に設定し，如何なる値を真の値として使用するかがきわめて重要となる。

ブロックゲージは寸法測定の標準に設定されることが多いが，被測定物の特性および形状，測定の方法とその条件，測定器の挙動，測定環境の変動などの影響によっては，標準になりえないことも珍しくない。たとえば，球や円筒の直径をマイクロメータで測定する場合に，ブロックゲージのような端度器で測定器を校正するという考え方では，実物の測定と校正時の測定との対応がとれないことがあり，ブロックゲージが必ずしも標準になりえないことも起こることがある。

測定誤差を定量的に求めることは必ずしも容易ではないが，測定の誤差についての考え方を理解することは，実際の品物を測定するときの方法・条件を検討し，測定機器を取り扱うときの要点を把握するときに役立つことになる。

第2節　長さの測定

--- 学習のねらい ---

ここでは，長さ測定用測定機器について学ぶ。また，長さ測定における誤差要因についての基本的ことがらについても学ぶ。

学習の手びき
（1）　長さ測定の標準とはなにか。
（2）　長さ測定器の原理，構造，種類，基本的機能はなにか。
（3）　長さ測定における誤差要因はなにか。
以上のことがらについて十分理解すること。

《参考》

2．1　長さの実用標準

標準尺は線度器の実用標準として一般的に使用されている。標準尺の目盛の読み取り

は測微顕微鏡によって行われるが，測定者の測定能力に起因する測定誤差が問題になりうることもある。そのため高精度の測定が要求される時には，光電顕微鏡による自動的な目盛の読み取りが行われる。

光電顕微鏡による目盛読み取りの原理を図1－1に示す。標準尺の目盛線は対物レンズにより振動スリット上に結像され，スリット透過光は後方に置かれた光電素子で受光されて電気信号に変換される。光電素子の出力信号はスリットが振動しているので，標準尺の目盛線の位置により図1－2に示す波形となる。

目盛線が光軸に対して左から右に移動するとき，目盛線の像がスリットに入らないときは（a）の出力となる。像がスリットに入り始めると（b）のようにスリット振動周波数と等しい周波数の信号が発生する。目盛線の像がスリットの中に入ってくると信号の振幅は増大するが，像がスリットの中に入り切った瞬間（c）の位置で最大となる。その後，目盛線の像がスリットの振動中心に近づくと，（d）のように片方のピークがへこ（凹）み始める。これは振動スリットが目盛線の像を完全に走査して両側に現れ始めたためであり，出力信号にスリット振動周波数の2倍の周波数成分が加わり始めたことを示している。

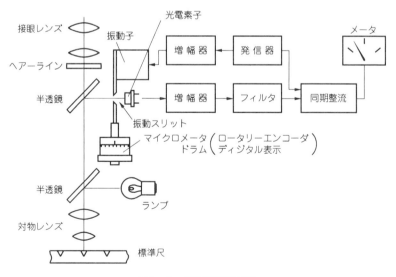

図1－1　光電顕微鏡の原理

さらに目盛線の像がスリットの振動中心に近づき，像の中心がスリットの振動中心に一致した位置で，(e)のような2倍周波数成分のみの信号が得られる。振動形光電顕微鏡では，この位置の信号を電気的に検出していることになる。その後，目盛線がさらに右に移動するに従って，光電素子の出力信号は(f)，(g)，(h)，(i)の順序で変化し，目盛線の像はスリットから消えて行く。

このような光電素子の出力信号に対して，基本周波数成分（スリットの振動周波数と等しい周波数の信号成分）の大きさが，どのように変化するかを示した信号が図1−3である。この信号は同期整流回路によって容易に得られるが，基本周波数成分は(e)の前後で位相が反転しており，この位置を電気信号として容易に検出できる。

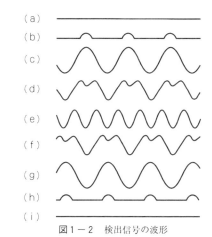

図1−2　検出信号の波形

図1−3　基本周波数成分の変化

標準尺やブロックゲージが長さの実用標準として使用される場合には，取り扱い方による寸法変化に十分注意しなければならない。とくに，教科書の第5章第2節「2.9長さ測定における誤差要因」で述べているように温度変化あるいは重力などの外力の作用による寸法変化が問題となることが多い。

温度変化による寸法変化が元にもどるためにはかなり長い時間が必要となり，長尺のブロックゲージのリンギングには体温の伝達を可能なかぎり避けて，すばやく行うことが肝要となる。また，被測定物と標準尺，ブロックゲージの温度は等しく設定されることが理想であるが，現場の環境条件ではそれほど簡単でないことが多い。とくに，室温が変動する場合には，被測定物と標準尺，ブロックゲージとの体積，質量，表面積，熱伝動度などの相違により，相互の熱的平衡を実現させることはきわめて困難になる。このような場合の現場的対策としては，被測定物，および測定装置の全体をビニルシートにより囲い，空気の流れを遮断することがかなり有効な手段となる（本書2．9参照。）

限界ゲージは軸・穴の互換性を確保するための基準になるものであり，その取り扱いには細心の配慮が必要になる。限界ゲージを使用するときには，品物およびゲージとも切りくずやごみを十分に取り除き，ゲージを必要以上に強い力で品物に押し当てたり，たたいたりしないこと。また，さびの発生には十分に注意して日頃の手入れを入念に行うとともに，摩耗や局部的損傷によるゲージ面の寸法・形状の変化を見逃さないために，定期的なゲージ面の点検が重要である。

2．2　長さの測定機器

長さを細かい単位まで測定するためには，何らかの方法により長さの変化を拡大するとともに，それを正確かつ微細に分割する必要がある。このために従来から使用されている長さ測定器にはバーニア目盛り，ねじ，歯車列などが巧みに利用され，長さの変化が測定されている。

バーニヤ目盛はノギス，ハイトゲージ，デプスゲージ，マイクロメータなどに使用されているが，この目盛の読み取りでは目盛面に直角の方向から視線を当てて，視差による誤差に注意する必要がある。

マイクロメータはねじの回転角に比例するスピンドルの移動量をバーニア目盛によって読み取っている測定器である。マイクロメータによる測定では，測定力の過負荷に注意が必要となる。マイクロメータにはラチェットあるいはフリクションを利用した測定

力負荷機構が取り付けられているが,スピンドルと被測定物とが穏やかに接触するような操作に配慮することが必要となる。

ダイヤルゲージは歯車列によってスピンドルの変位が拡大され,その変位がダイヤル目盛と指針によって読み取られる測定器である。ラックと歯車の加工精度によって局部的に感度が異なったり,スピンドルの変位の方向により測定誤差の様子が変化することがある。

2.3 コンパレータ

コンパレータは測定子を取り付けたスピンドルの変位を拡大して,この変位量を指針の振れに変換して目盛板によって読み取る比較測定器である。スピンドルの変位を拡大する方法は,機械的なてこ,歯車,板ばね,光学的な光てこ,および電気マイクロメータなどが使用されている。また,比較測定の基準としてはブロックゲージが一般的に使用されている。

2.4 測微顕微鏡

測微顕微鏡は微小変位を正確に測定できる顕微鏡であり,倍率の正確な対物レンズと微小変位測定の機能を備えた接眼レンズとによって構成されている。被測定物の測定箇所の像に標線を合致させて,その位置をマイクロメータで読み取るのが普通であるが,指導書2.1で述べた光電顕微鏡などによって測定されることもある。

2.5 電気マイクロメータ

電気的な比較測定器として,電気マイクロメータは最も一般的に使用されている。機械的構造はそれほど複雑ではなく,かつきわめて高い分解能が得られるために,数μm程度の超精密の微小変位測定にも応用されている。

電磁誘導式の差動変圧器が最も多く利用されているが,静電容量式,抵抗式などの電磁マイクロメータもさまざまな測定に応用されている。アナログ量として指針とメータによって変位量を表示して使用されている場合と,A/D変換(アナログ・ディジタル変換)によりディジタル表示して使用される場合とがある。

実際の差動変圧器では,教科書2.5の図1-43に示すように二次コイルの電圧差e_1-e_2は理想的なV字形の特性とはならないことがある。図1-4に示すように底が丸みを帯

び，コアがコイルの中心にあるときでも二次電圧はゼロにならず，残り電圧e_0が存在することになる。この残り電圧の発生には，差動トランスの作り方，コアおよびコイル部品の取り付け条件，コード長さ，発振周波数のレベル，アースの取り方，回路条件などが影響している。この残り電圧が大きいときにはゼロ近傍が不安定になり，直線性が悪くなる。

電気マイクロメータを実際に使用するときには，被測定物との温度差をなくすることに十分に配慮するとともに，電気回路のドリフトを除去するために，測定開始の20～30分前に電源を入れることが大切である。

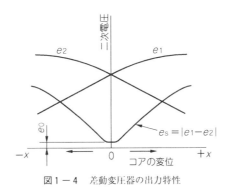

図1－4　差動変圧器の出力特性

2.6　空気マイクロメータ

空気マイクロメータは空気が流れるすきまの変化と空気の背圧あるいは流量との関係を利用した変位の測定器である。したがって，すきまの変化量と背圧，流量の変化量との関係をあらかじめ校正し，調整しておく必要がある。通常は，それぞれの測定ヘッドに対応する基準ゲージによって校正される。

内径測定用測定ヘッドの事例を図1－5に示す。ノズルは円穴（外形測定用測定ヘッドでは長穴）を用いるのが普通であり，その穴寸法は測定ヘッドの形状や測定倍率によって異なるが，流量式では2mmが多く，背圧式では0.5～1.8mmが多く使用されている。図1－5は両吹きノズルの測定ヘッドであるが，被測定物の内径Dに対して測定ヘッドの外径dをガイドクリアランス（約0.01～0.03mm程度）だけ小さくしてある。さらに，ノズルの出口は外径dに対してノズルクリアランス（約0.005～0.02mm）に相当する段差が設けてある。このノズルクリアランスはノズル面の損傷，摩耗を防ぐことと，測定

ヘッドが内径に密着しても空気を流出させるためのものである。

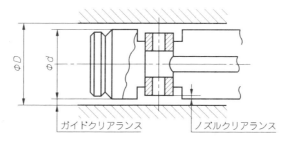

図1-5　内径測定ヘッドの事例

　ガイドクリアランスが大きいほど，測定位置がずれ，両側ノズルのバランスがくずれ，測定値のばらつきが大きくなりやすい。したがって，ノズルクリアランスのバランス調整により2個のノズルの特性をそろえ，常に一定した空気の流出抵抗を保つことが肝要となる。

　空気がノズルから流出するすきまとそこでの環状口面積との関係を図1-6に示す。すきまをh，ノズル孔径をd_2とすると，環状面積は$\pi d_2 h$，最大流出面積は$(\pi/4)d_2^2$である。ノズルの孔径d_2とすきまhとの間には$\pi d_2 h \leq (\pi/4)d_2^2$の関係が必要であるから，すきま$h=d_2/4$のとき流出面積が最大になり，すきまでの空気の流出抵抗がなくなる。

　したがって，すきまhが$d_2/4$以上変化しても空気の流量および背圧の特性曲線は水平になり，測定不能となる。実際には，空気の粘性などの影響により，測定器として利用できる最大すきまは約$0.16 d_2$となることが実験的に確認されている。

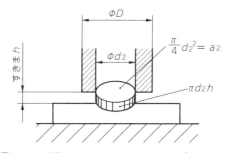

図1-6　空気マイクロメータによる測定すきまの限界

2.7 ディジタルスケール

工作機械,測定機器などにディジタルスケールが利用されるゆえんには,
① 比較測定に使用されるような測定センサより遥かに長い距離の測定ができ,被測定物の実寸法が直接測定できる。
② 測定データをコンピュータに入力させて演算することにより,被測定物の寸法・形状が容易にもとめられる。
③ 測定結果に対する解析処理を行うことによって,生産プロセスで要求されるさまざまの情報が定量的に求められる。
④ コンピュータ制御の加工・測定のシステムが構築できる。
などがある。

2.8 測長器

アッベの原理は測定機器の機構を理解するとき,あるいは実際の被測定物に対する測定方法を検討する場合にきわめて重要な原理となる。万能測長器の構造は,この原理によってより鮮明に理解されると思われる。また,アッベの原理を満足できない三次元測定器においては,測定系の案内誤差,軸受剛性などが測定精度を向上させるための重要課題になることは,この原理をよく理解することによって明らかになる。

2.9 長さ測定における誤差要因

教科書2.9では長さ測定を行うときの誤差に対する一般的注意事項を述べている。測定誤差の原因は教科書1.5で述べられているが,測定される品物,測定の原理・方法あるいは測定器,測定の環境および条件,測定者の特質などに起因して測定誤差が発生することになる。

たとえば,測定室の温度が変化すれば測定する品物の寸法が変化するのみならず,測定器の指示値も複雑に変化する。測定器はさまざまな形状をした機械部品で構成され,この部品にはいろいろな材料が使用されている。したがって,測定室の温度が変化したとき,単純な構造の測定器でも熱膨張の相違により複雑な挙動をすることがある。この影響による測定誤差の発生は容易に推定できるが,その誤差の量を定量的に予測することは困難な場合が多い。

室温が周期的に変化したときのプロジェクション・オプチメータの各部分の温度変化と測定器の指示値の変化を実験的に確認した事例を図1－7に示す。測定器を構成する部品の温度が複雑に変化していることと，指示値も複雑に変化していることが理解される。

測定室の温度変化を簡便に抑えるためには，測定装置と被測定物の全体をビニルシートでカバーすることがかなり有効となる。図1－8に示す事例では，±1.5℃の振幅の周期的温度変化を1mm程度の厚さのビニルシートでカバーすることで，1/5～1/7の振幅に抑えることができている。

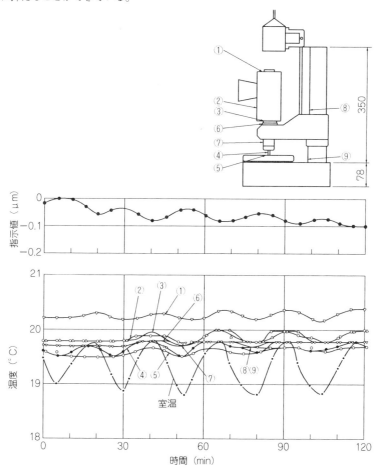

図1－7　室温変化による測定器の温度変化と指示値の変化

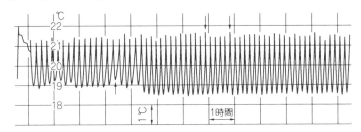

(a) 恒温室の温度変化

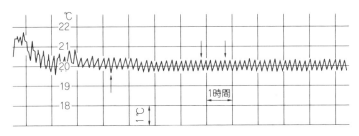

(b) 恒温室に設置したビニルシートカバー内の温度変化

図1-8 ビニルシートによる室温変化の抑制効果

第3節 角度の測定

――― 学習のねらい ―――

　ここでは，角度の測定について学ぶ。

学習の手びき

(1) 角度の単位はなにか。

(2) 角度の基準はなにか。

(3) 角度測定器の原理，構造，種類，基本的機能はなにか。

以上のことについて十分理解すること。

《参考》

3．1 角度の基準

　角度の基準は大別して2つの方法，すなわち正弦法則を使用する方法，円周分割の方法によって作られている。

　正弦法則を使用する方法では，任意の角度を求めるのに直角三角形の2辺の長さの比を用いる。この方法によって得られる角度の精度は，長さの標準の管理と密接な関係をもつことになる。正弦法則を使用している測定器には，サインバー，サインテーブル，コンパウンドサインテーブルなどがある。

　円周分割の方法は，円周が任意の数に分割できることおよび自己補正できることに基づいている。円周分割装置としては，ロータリテーブルが一般的であるが，このロータリテーブルはつぎの方式に分類できる。

（1）　光学的ロータリテーブル

　　　角度測定要素は円周目盛であり，顕微鏡によって読み取られる。

（2）　機械的カムで補正されるロータリテーブル

　　　角度測定要素はウォームと歯車であるが，歯車の誤差をカムで補正することによって角度分割の精度を維持している。

（3）　正確なウォーム歯車によるロータリテーブル

　　　ウォームも歯車も高精度にラッピング仕上げされていて，補正機構は使われていない。

　オートコリメータと対にして使用されるポリゴン鏡は，最も正確な円周分割装置を校正する基準の1つとして考えられる。ポリゴン鏡には角度分割が正しいことと，反射面の平面度および取り付け基準面との直角度が正確であることが要求される。直径300mm程度のポリゴン鏡で十分な性能を発揮させるには，反射面の数は72が限度であるといわれる。通常，使用されている反射面の数は8面ないし12面である。

　さらに，微小角度の基準としては，オートコリメータ，精密水準器，精密スコヤなどが一般的に使用されている。

3.2 角度の測定器

水準器は，工作機械の据え付けの水平，鉛直，および案内面の真直度などの検査に使用されるが，

① 振動，温度変化などの影響を除去することに配慮する。
② 水準器の接触面および測定面にきず，かえり，さびなどがないことに留意し，水準器と測定面との密着状態を注意深く観察する。
③ 水準器の気泡の中心位置がずれている場合には，図1－9の調整ねじを調整する。水平な定盤上で180°反転させて，気泡のずれが0.3目盛以内にする。
④ 気泡管の目盛を読み取るときは，図1－10のように気泡が左右の基準線の内側にあることを確認し，気泡が完全に静止してから気泡の両側の目盛を読むことが望ましい。

などのことがらに注意する必要がある。

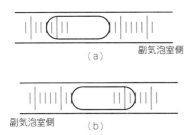

図1－10 水準器の目盛の読み取り

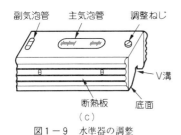

図1－9 水準器の調整

オートコリメータによる測定法は，

① 被測定物の微小角の変化を直接測定する。
② 被測定物の微小角の変化を寸法変化に換算する。
③ ポリゴン鏡を用いて，角度分割の精度を測定する。

などに大別されるが，これらの測定を応用することによって角度，直角度，平行度，振れ，真直度，平面度などを精密に測定することができる。

ポリゴン鏡を使用して割り出し盤などの分割精度を精密に測定する場合には，割出し盤の回転軸とオートコリメータの十字線とを正確に一致させることが重要である。十二面鏡のポリゴン鏡を使用して，割り出し盤の回転軸とポリゴン鏡の軸およびオートコリメータの十字線との設定誤差をそれぞれ $\theta=10'$，$\alpha=30'$とすると，割り出し角度の読み取り誤差は図1−11に示すような値となる。

サインバーによる設定角度誤差は，図1−12に示すようにローラの中心距離の誤差 ΔL，ローラ軸と測定面との平行度誤差を含めた設定高さの誤差 ΔH によって影響される。ΔL，ΔH による設定角度誤差をそれぞれ $\Delta \alpha L$，$\Delta \alpha H$ と，この両者の誤差が同時に作用して合成されたときの設定角度誤差を $\Delta \alpha$ とする。ここで $L=100\text{mm}$，$\Delta H=1.5\mu\text{m}$，$\Delta L=1.5\mu\text{m}$ とすると，設定角度誤差の大きさは設定角度 α によって図1−12のように変化する。

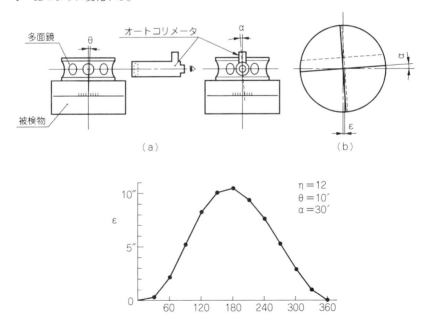

図1−11 オートコリメータの設定と割り出し角度誤差

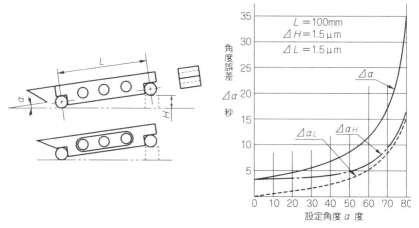

図1-12 サインバーによる設定角度の誤差

第4節 ねじの測定

―― 学習のねらい ――

ここでは,機械部品の締結に使用される三角ねじの測定について学ぶ。

学習の手びき

(1) ねじの測定要素はなにか。
(2) ねじゲージによるねじの総合的検査はなにか。
(3) おねじおよびめねじのフランク角,有効径,ねじピッチの測定法はなにか。

以上のことについて十分理解すること。

《参考》

4.1 ねじの測定

ねじの検査に用いられるねじ用限界ゲージの有効径の製作公差は最高 $4\,\mu$m に達する。このような高精度の測定を可能にするために,JISにおいてはねじ用限界ゲージのうち,平行ねじゲージの検査方法(JIS B 0261)を規定し,使用測定器および測定方法の基準を示している。この検査方法の要点を以下に述べる。

(1) おねじピッチの測定

工具顕微鏡などを使用した投影法による測定方法が示されている。

(2) おねじ有効径の測定

三針法による測定を原則にしている。このときの測定力および三針と測定面の接触長さは表1－1に示す値によらなければならない。三針法以外の有効径の測定方法には，工具顕微鏡あるいは万能測定顕微鏡による投影法，ナイフエッジ法などがあるが，高精度の測定は望めなく，ねじゲージの有効径の測定には不適当である。

表1－1　三針法による測定の条件

ピッチ〔mm〕	山　数 (25.4mmにつき)	測定力〔N〕	三針と測定端面の接触長さ〔mm〕
0.2～0.5	80～48	1.7～2.3	4～6
0.6～1	44～24	4.4～5.4	4～6
1.25～4	20～6	8.8～10.8	6～8
4.5以上	5以下	8.8～10.8	8～10

(3) おねじの山の半角の測定

図1－13のようにねじ山の頂を結ぶ直線を基準として，両フランクの角度をおのおの測定する。工具顕微鏡のコラムをねじの基準有効径におけるリード角 β だけ傾け，両フランクが同時に鮮明な像を結ぶ状態で測定する。測定値 $\alpha m/2$ は，次式を用いてねじの軸断面半角 $\alpha/2$ に換算する。

$\tan \alpha/2 = (\tan \alpha_{m/2})/\cos \beta$

$\tan \beta = p/\pi E_0$　p はねじのピッチ，E_0 は基準有効径

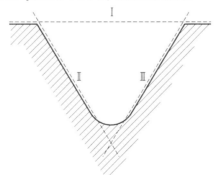

図1－13　ねじ山の半角の測定

(4) めねじの測定

めねじの有効径，ピッチ，山の半角は，はめあい点検のねじプラグゲージに無理なくねじ込まれることで測定に代えてよいことになっている。

第5節　表面粗さの測定

---　学習のねらい　---

ここでは，表面粗さの測定について学ぶ。

学習の手びき
(1) 表面粗さの定義はなにか。
(2) 表面粗さの表示法はなにか。
(3) 表面粗さの測定法はなにか。

以上のことについて十分理解すること。

《参考》

表面粗さは，機械加工や仕上げ加工された面の凹凸の性質を表す重要な要素である。機械加工や仕上げ加工された面の微細な凹凸を触針でたどり，真直線からのずれを記録した事例を図1－14に示す。

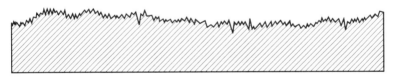

図1－14　機械加工表面の形の表示

これを周波数成分で表示すると図1－15に示すようになる。

図1－16に示すような機械加工面をその平均面Xに対して直角な平面Yで切断したとき，その切り口に現れる凹凸の曲線を断面曲線という。厳密な断面曲線を得ることは不可能であり，実際には先端の曲率半径が数μmの触針で機械加工面をたどり，この触針の上下方向の動きを拡大して記録したものを断面曲線に代用している。

第5章　工作測定の方法　37

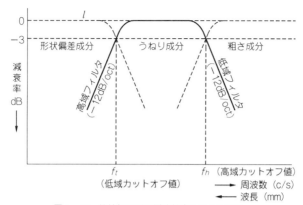

図1-15　機械加工面の周波数成分による区分

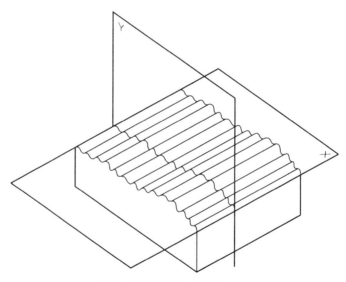

図1-16　断面曲線の考え方

第6節　形状精度の測定

--- 学習のねらい ---
ここでは，形状精度の測定について学ぶ。

学習の手びき
（1）　形状精度に関係する偏差はなにか。
（2）　真直度および平面度の測定に用いられる測定法はなにか。
（3）　真円度および円筒度の測定に用いられる測定法はなにか。
（4）　平行度および直角度の測定に用いられる測定法はなにか。
（5）　同心度の測定に用いられる測定法はなにか。
（6）　輪郭度の測定に用いられる測定器および測定法はなにか。
以上のことについて十分理解すること。

《参考》

機械的な直線部分を考えると，図1-17に示すように三次元空間的な狂いをもっている。この直線部分の真直度を求める場合，一平面内だけの真直度を求めればよいもの，直交した二平面に投影した形で求めるもの，三次元的に真直度を求める必要がある場合などがある。これらは機械部品に要求される機能に応じて選択されることになる。

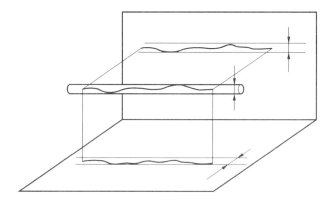

図1-17　三次元空間における真直度

平面度は図1-18に示すように，平面形体（P）を幾何学的平行二平面で挟んだとき，平行二平面の間隔が最小になる場合（最小領域法）の，二平面間の間隔（f）として定義されている。機械加工面の表面の座標値を測定して，これから最小領域法によって平面度を求めることは簡単ではない。現実には，教科書6.2で述べたように，水準器，オートコリメータなどを利用して簡便的に平面度を測定することが多い。

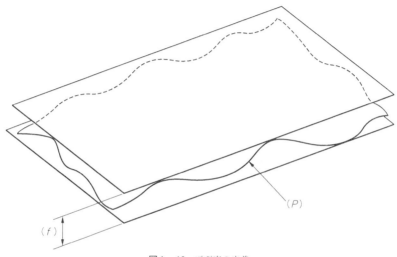

図1-18 平面度の定義

コンピュータによる測定データの解析処理が容易になり，最小自乗法，最小領域法による真円度の評価が盛んに使われる。最小自乗法は計算時間が短くてすむ利点があるが，最小領域法は数値計算が複雑である反面，記録紙上における目視的判断と対応できるという長所がある。多くの実験結果による最小自乗法による真円度は最小領域法による結果よりも1.0～1.3倍くらい大きいとされている。

普通の真円度測定器にはカットオフの異なるフィルタがあり，これの選択によって真円度の値は違ってくる。また，測定子の先端半径の大きさによって，検出される凹凸が異なり，1つのフィルタの役目をしている。したがって，測定子の先端半径とフィルタの選択は，測定する部品の機能および測定面の表面性状などによって判断されることが必要になる。測定子の先端半径は0.25mmとか1mm程度のものが一般的に使用されている。円筒度は回転テーブルあるいは検出器の回転軸方向の運動精度が保証された真円度測定器を用い，被測定物の軸方向の多くの軸直角断面の真円度を測定し，この測定結

果から最小自乗法あるいは最小領域法によって求めるのが普通である。円筒度も最小領域で評価することはかなり難しく，最小自乗法で求めることが多い。しかし，現場的には共通教科書6.3で述べた簡便的方法もよく使われている。

第5章の学習のまとめ

この章では，長さ，角度，ねじなどの測定機器の使用法の測定の誤差などに関して，つぎのことがらについて学んだ。
(1) 各種測定機器の種類，構造などはどうなっているか。
(2) 各種測定機器による測定法
(3) 測定における誤差はどうして発生するか。

【練習問題の解答】
1．測定誤差の発生する原因としてつぎのように分類できる。
　　(1) 測定される品物の特性，不安定性に起因すること。
　　(2) 測定の原理・方法の不完全さ，測定物の不安定性に起因すること。
　　(3) 測定環境，測定条件の変動に起因すること。
　　(4) 測定者の技術レベル，性格傾向に起因すること。
2．標準尺と品物の測定軸とを同一直線上に配置することにより，測定系の案内誤差に起因する測定の誤差を微少量にすることができる。
3．オートコリメータは，両端面の平行度，案内面の真直度，測定系などの運動の真直度や直角度，定盤の平面度などの測定に使用される。
4．ねじ有効径，ねじ山のフランク角，ねじピッチ
5．最大高さ（R_y），十点平均粗さ（R_z），算術的平均あらさ（R_a）

第6章 品質管理

第1節 品質管理の効用

学習のねらい

　ここでは，品質管理の必要性について，ばらつきについての考え方，品質管理の定義，デミングサークルなどとともに学び，さらに品質管理を実施することによる効用についても学ぶ。

学習の手びき
（1）製品には必ず「ばらつき」があること。
（2）ばらつきを前提とする統計的な品質管理とはどんな方法か。
（3）デミングサークルとはなにか。
（4）品質管理を実施するとどのような効用があるか。
以上のことがらについて概略を理解すること。

第2節　品質管理用語（統計的な考え方）

--- 学習のねらい ---

われわれの作ったものを検査した記録をデータというが，このデータにはばらつきがある。ここでは統計的な考え方による品質管理についてつぎのことがらについて学ぶ。

（1）度数分布表とヒストグラム
（2）平均値と標準偏差
（3）正規分布
（4）母集団とサンプル
（5）平均値の分布
（6）規格とヒストグラムの比較
（7）統計的品質管理の考え方
（8）統計的品質管理で用いられる統計的手法

学習の手びき
（1）データの集め方，度数分布表およびヒストグラムの作り方はどうか。
（2）平均値および標準偏差とはどういうことか。その簡単な計算法はどうか。
（3）母集団とデータの分布，正規分布の中における標準偏差（σ＝シグマ）の関係はどうか。
（4）計数値と計量値の意味とデータの相違点はなにか。
（5）度数分布表，ヒストグラムのほかに，どのような統計的な手法があるか。
以上のことがらについて概略を理解すること。

第3節　管　理　図

学習のねらい

　ここでは管理図の特長，種類などのほか，$\bar{x}-R$管理図の作り方を例に，管理図の見方を学ぶ。

学習の手びき
　（1）　管理図とグラフの相違点はなにか。
　（2）　管理図による判定のしかたと用途はなにか。
　（3）　管理図にはどんな種類があるか。
　（4）　$\bar{x}-R$管理図の作り方
　（5）　管理図にあらわれるデータの傾向の判定
以上のことがらについて概略を理解すること。

《参考》

管理図には，教科書で述べられているように$\bar{x}-R$管理図の手法が，ほぼそのまま応用できるp管理図，pn管理図のほかc管理図（一定の大きさの中の欠点数で管理する。），u管理図（大きさが不定の中の欠点数で管理する。）その他の方法もあることを知っておくとよい。

第4節　抜取り検査

学習のねらい

ここでは，つぎのことがらについて学ぶ。
(1) 検査の目的とその目的に応じた検査の種類
(2) 全数検査と抜取り検査の特徴
(3) 抜取り検査でも品質保証が行える理由
(4) 計数抜取り検査と計量抜取り検査の相違点

学習の手びき
(1) 製造工場における検査の種類にはどのようなものがあるか。
(2) 破壊検査と非破壊検査の特徴はなにか。
(3) 全数検査をしなければならない条件と抜取り検査をする条件はなにか。
(4) 全数検査をしなくても品質保証ができるのはなぜか。
(5) OC曲線とは何か。
(6) 無作為（ランダム）抜取りの方法
(7) 抜取り検査の型はなにか。
以上のことがらについて概略を理解すること。

第6章の学習のまとめ
この章では品質管理および抜取り検査に関して，つぎのことがらについて学んだ。
(1) 品質管理は製品に対する品質保証を行うために必要なことである。
(2) 品質管理は統計的な手法を応用しているので，度数分布表，ヒストグラム，パレート図，母集団，標本(サンプル)，平均，標準偏差などの用語がよく使われる。
(3) 度数分布の代表的な形に正規分布があるが，正規分布でもいろいろな形がある。すなわちばらつきの大小，平均値への集中の程度などで異なる。
(4) 管理図の種類と使い方
(5) 管理状態の条件のいろいろ
(6) 抜取り検査のやり方

【練習問題の解答】

（1） ばらつき（203ページ）
（2） 統計的品質管理（204ページ）
（3） ばらつき（205ページ）
（4） ヒストグラム（206ページ）
（5） 標準偏差（207ページ）
（6） 正規分布（210〜211ページ）
（7） 99.7%（211ページ）
（8） 管理図（216ページ）
（9） 特性要因図（216ページ）
（10） パレート図（217ページ）
（11） 管理限界線（218ページ）
（12） $\bar{x} - R$（220ページ）
（13） 不良率管理図（220ページ）
（14） 不良個数管理図（220ページ）
（15） 最小値（222ページ）
（16） 管理限界線（226ページ）
（17） 抜取り検査（232ページ）
（18） 乱数表（234〜235ページ）
（19） 計数抜取り検査（236ページ）
（20） 規準型抜取り検査（239ページ）

第2編　機械要素

学習の目標

　第2編では，機械を構成する機械要素について，一般常識として知っておかなければならないことがらを学ぶ。

　第2編は，つぎの各章より構成されている。

　　第1章　ねじおよびねじ部品
　　第2章　締結用部品
　　第3章　軸および軸継手
　　第4章　軸　　受
　　第5章　歯　　車
　　第6章　ベルトおよびチェーン
　　第7章　ば　　ね
　　第8章　摩擦駆動および制動
　　第9章　カムおよびリンク装置
　　第10章　管，管継手，バルブおよびコック

　これらの各章は機械の機構を知るうえで重要であるので，実物などを媒体として理解を深めてほしい。

第1章　ねじおよびねじ部品

第1節　ねじの原理

学習のねらい

　ここでは，ねじの原理について学ぶ。

学習の手びき

　ねじが幾何学的要素によって形成されていることを理解すること。

第2節　ねじの基礎

---　学習のねらい　---

ここでは，ねじの基礎としてつぎのことがらを学ぶ。
（1）ねじの呼びおよび有効径
（2）ねじのリードとピッチ
（3）並目ねじと細目ねじ

学習の手びき

ねじの基礎的事項について理解すること。

第3節　ねじ山の種類と用途

---　学習のねらい　---

ここでは，各種ねじ山の種類と用途について学ぶ。

学習の手びき

各種ねじ山の種類と用途について理解すること。

第4節　ねじ部品

---　学習のねらい　---

ここでは，ねじ部品についてつぎのことがらを学ぶ。
（1）ボルトの種類と用途
（2）ナットの種類と用途
（3）小ねじ類
（4）インサート

学習の手びき

各種ねじ部品の種類と用途について理解すること。

第5節　座　　金

> 学習のねらい
>
> ここでは，座金についてつぎのことがらを学ぶ。
> （1）　座金の種類と用途
> （2）　ねじ部品のまわり止め

学習の手びき

座金の種類と用途およびねじ部品のまわり止めの方法について理解すること。

第1章の学習のまとめ

この章では，ねじに関する基本的事項としてつぎのことがらを学んだ。

（1）　ねじの原理はどのようなものか。
（2）　ねじの呼び，有効径，リードなどの基礎
（3）　ねじ山の種類にどのようなものがあるか，また用途はどうか。
（4）　ねじ部品としてどのようなものがあるか。
（5）　座金の種類にどのようなものがあるか，また用途はどうか。まわり止めにどのような方法があるか。

【練習問題の解答】

(1) ×（第2節2．1参照）　めねじの呼び径は，それにはまるおねじの外径で表す。

(2) ○（第2節2．1参照）

(3) ○（第2節2．2(1)参照）

(4) ×（第2節2．2(2)参照）　つる巻き線が右上がりのものは右ねじである。

(5) ○（第2節2．3参照）

(6) ×（第3節(2)参照）　管用テーパねじのテーパは1/16である。

(7) ○（第3節(4)参照）。

(8) ○（第4節4．1(5)）

(9) ×（第4節4．4）　インサートはめねじではなく，母材が軟質な場合などに利用される。

(10) ○（第5節5．2参照）

第2章　締結用部品

第1節　キ　　ー

---- 学習のねらい ----
ここでは，キーについて学ぶ。

学習の手びき

キーの種類，用途について理解すること。

第2節　コ　ッ　タ

---- 学習のねらい ----
ここでは，コッタについて学ぶ。

学習の手びき

コッタについて理解すること。

第3節　ピ　　ン

---- 学習のねらい ----
ここでは，ピンについて学ぶ。

学習の手びき

ピンの種類，用途について理解すること。

第4節　止　め　輪

―― 学習のねらい ――
　ここでは，止め輪について学ぶ。

学習の手びき

止め輪について理解すること。

第5節　リベットおよびリベット継手

―― 学習のねらい ――
　ここでは，リベットについて学ぶ。

学習の手びき

リベットの種類と継手について理解すること。

第2章の学習のまとめ

この章では，締結用部品に関してつぎのことがらについて学んだ。

（1）　キー
（2）　コッタ
（3）　ピン
（4）　止め輪
（5）　リベットおよびリベット継手

【練習問題の解答】

(1) ○（第1節(2)参照）

(2) ×（第1節(4)参照）　回転方向が一定のときは，1箇所だけでよいが，正逆回転する場合には，キーを120°はさんで2箇所に設ける。

(3) ×（第2節参照）　しばしば抜きさしするものではこう配は1/5～1/10とする。

(4) ○（第3節(1)参照）

(5) ×（第3節(2)参照）　呼び径は小端部の直径で表す。

(6) ○（第5節参照）

第3章　軸および軸継手

第1節　軸

学習のねらい

ここでは，軸についてつぎのことがらを学ぶ。
（1）軸
（2）スプライン
（3）セレーション

学習の手びき

各種軸，スプライン，セレーションについて理解すること。

第2節　軸継手

学習のねらい

ここでは，軸継手についてつぎのことがらを学ぶ。
（1）固定軸継手
（2）たわみ軸継手
（3）自在軸継手
（4）クラッチ

学習の手びき

軸継手の種類と特徴について理解すること。

第3章の学習のまとめ

この章では，軸と軸継手の種類，用途について学んだ。

【練習問題の解答】

1．第1節1．1(3)参照
2．第1節1．3参照
3．第2節2．2(1)〜(3)参照
4．第2節2．3(1), (2)参照
5．第2節2．4(1), (2)参照

第4章 軸　　受

第1節　すべり軸受

学習のねらい

ここでは，すべり軸受についてつぎのことがらを学ぶ。
(1) すべり軸受の種類
(2) すべり軸受用材料
(3) すべり軸受の潤滑

学習の手びき

すべり軸受の特徴，材料および潤滑法について理解すること。

第2節　転がり軸受

学習のねらい

ここでは，転がり軸受についてつぎのことがらを学ぶ。
(1) 転がり軸受の構造
(2) 転がり軸受の種類と用途
(3) 転がり軸受の呼び番号
(4) 転がり軸受の精度と寿命

学習の手びき

転がり軸受の構造，分類，呼び番号などについて理解すること。

第4章の学習のまとめ

この章では,軸受に関してつぎのことがらについて学んだ。
(1) すべり軸受の種類,材料と潤滑の種類
(2) 転がり軸受の種類と用途

【練習問題の解答】

1. 第4章前文参照
   荷重を受ける方向による分類名:ラジアル軸受とスラスト軸受
   接触状態による分類名:すべり軸受と転がり軸受
2. 第1節1.3参照
3. 第2節2.2参照
4. 第2節2.4参照

第5章 歯車

第1節 歯車の歯形

--- 学習のねらい ---

ここでは,歯車の歯形についてつぎのことがらを学ぶ。

(1) インボリュート歯形
(2) サイクロイド歯形

学習の手びき

歯形曲線について理解すること。

第2節 歯車の種類

--- 学習のねらい ---

ここでは,歯車の種類についてつぎのことがらを学ぶ。

(1) 平行軸歯車
(2) 交差軸歯車
(3) 食違い軸歯車

学習の手びき

歯車の種類,形状について理解すること。

第3節　歯車各部の名称

学習のねらい

ここでは，歯車各部の名称についてつぎのことがらを学ぶ。
(1) 標準歯車
(2) ラック
(3) はすば歯車
(4) かさ歯車およびウォームギヤ

学習の手びき

歯車の各部の名称を理解すること。

第4節　歯形の修整

学習のねらい

ここでは，歯形の修整についてつぎのことがらを学ぶ。
(1) 歯形修整とクラウニング
(2) 標準歯車と転位歯車

学習の手びき

歯形の修整方法および転位について概略を理解すること。

第5節　歯車装置

学習のねらい

ここでは，歯車装置についてつぎのことがらを学ぶ。
(1) 歯車の速度比
(2) 変速歯車装置
(3) 遊星歯車装置

学習の手びき

歯車装置について概略を理解すること。

第5章の学習のまとめ

この章では，歯車に関してつぎのことがらについて学んだ。

（1）　歯車の歯形
（2）　歯車の種類
（3）　歯車各部の名称
（4）　歯形の修整
（5）　歯車装置

【練習問題の解答】

1．第1節1．1，1．2参照
2．第2節2．2参照
3．式（2－9）$d_a=(z+2)m$ より

$$m=\frac{d_a}{(z+2)}=\frac{210}{42}=5$$

式（2－4）より

$p=\pi m=3.14 \times 5=15.7$　　答 $m\,5$，$p\,15.7$mm

4．第4節4．1参照
5．第4節4．2参照

第6章　ベルトおよびチェーン

第1節　ベルトおよびベルト車

学習のねらい

ここでは，ベルトおよびベルト車についてつぎのことがらを学ぶ。

（1）ベルト
（2）ベルト車
（3）ベルト伝動

学習の手びき

ベルトの種類，ベルト伝動の特徴について理解すること。

第2節　チェーンおよびスプロケット

学習のねらい

ここでは，チェーン伝動について学ぶ。

学習の手びき

チェーンおよびチェーン伝動の特徴について理解すること。

第6章の学習のまとめ

この章では，ベルトおよびチェーンに関してつぎのことがらについて学んだ。

（1）ベルトおよびベルト車
（2）チェーンおよびスプロケット

【練習問題の解答】

1．第1節1．1(2),(3)参照
2．第1節1．2参照　リムを中高にすることで,ベルトの張力による分力が中央向きに働くのでベルトが外れにくくなる。
3．第1節1．3参照
4．第2節参照

第7章 ば　　ね

第1節　ばねの種類と用途

学習のねらい

ここでは，ばねの種類と用途についてつぎのことがらを学ぶ。
（1）　圧縮引張コイルばね
（2）　ねじりコイルばね
（3）　重ね板ばね

学習の手びき

ばねの種類，用途について理解すること。

第2節　ばねの力学

学習のねらい

ここでは，ばねの力学についてつぎのことがらを学ぶ。
（1）　ばね定数
（2）　ばねと振動

学習の手びき

ばねの力学について概略を理解すること。

第7章の学習のまとめ

この章では,ばねに関してつぎのことがらについて学んだ。

(1) ばねの種類と用途
(2) ばねの力学

【練習問題の解答】

1. 第1節参照
2. 第1節 1.1,1.2参照
3. 第2節 2.1参照
4. 第2節 2.2参照

第8章 摩擦駆動および制動

第1節 摩擦駆動

学習のねらい

ここでは,摩擦駆動について学ぶ。

学習の手びき

摩擦車の種類と変速について概略を理解すること。

第2節 摩擦制動

学習のねらい

ここでは,摩擦制動について学ぶ。

学習の手びき

ブレーキの種類と特徴について理解すること。

第8章の学習のまとめ

この章では,摩擦力を利用した要素としてつぎのことがらを学んだ。

(1) 摩擦駆動
(2) 摩擦制動

【練習問題の解答】

1. 第1節参照
2. 第2節参照

第9章 カムおよびリンク装置

第1節 カ ム

学習のねらい

ここでは，カムについてつぎのことがらを学ぶ。

(1) カムの種類

(2) カムの輪郭とカム線図

学習の手びき

カムの種類とカム線図について理解すること。

第2節 リンク装置

学習のねらい

ここでは，リンク装置についてつぎのことがらを学ぶ。

(1) 4節リンク機構

(2) 4節リンク機構の変形

学習の手びき

リンクの基本形とリンク装置の機構，条件について理解すること。

第9章の学習のまとめ

この章では，カムとリンク装置について学んだ。

【練習問題の解答】

1. 第1節1．1参照

2. 第2節2．1参照

3. 式（2−18）　　$b+c < a+d$ より

 　$300+500 < a+450$　∴ $350 < a$

 　$(c-b)+d > a$ より

 　$(500-300)+450 > a$　∴ $650 > a$

 　答　$350 < a < 650$ mm

第10章　管，管継手，バルブおよびコック

第1節　管

学習のねらい

ここでは，流体の輸送に使用される各種の管について学ぶ。

学習の手びき

各種管の種類，特徴および用途について理解すること。

第2節　管継手

学習のねらい

ここでは，各種の管継手について学ぶ。

学習の手びき

管継手の種類，用途などを理解すること。

第3節　密封装置

学習のねらい

ここでは，密封装置についてつぎのことがらを学ぶ。
（1）固定用シール
（2）運動用シール

学習の手びき

各種のシーリングについて理解すること。

第4節　バルブおよびコック

学習のねらい

ここでは，つぎのことがらについて学ぶ。
（1）　バルブ
（2）　コック

学習の手びき

流体の開閉に使用されるバルブとコックを理解すること。

第10章の学習のまとめ

この章では，配管用品に関して，つぎのことがらについて学んだ。
（1）　管の種類と用途
（2）　管継手の種類と用途
（3）　密封装置の種類と用途
（4）　バルブおよびコックの種類，構造および用途

【練習問題の解答】
1．第1節参照
2．第2節(3)参照
3．第3節前文参照
4．第3節3．2(2)参照
5．第4節4．1参照

第3編　機械工作法

学習の目標

　第3編では，機械工作に関連することについて，「仕上げ科」を勉強するうえで知っておかなければならにことがらを学ぶ。

　われわれは，各種工作機械で製造された機械部品に対して，手仕上げ加工をほどこし，1つの完成機械に仕上げることを作業目的としている。

　機械工業では，いわゆる分業によっていくつかの工程を経て1つの製品ができあがるのであるから，それぞれの工程では，その工程の加工目的に適した工作機械と工具が使われる。自分が現在従事している工程のことばかりでなく，他の工作法や関連のある知識を持って作業に当たれば，一層よりよい製品を作り上げることができる。

　第3編はつぎの各章より構成されている。

　　第1章　工作機械の種類および用途
　　第2章　切削油剤の種類および用途
　　第3章　潤　　　滑
　　第4章　その他の工作法

　これらの各章は相互に関連のあることがらが多い。たとえば第1章，第2章，第3章は使用する工作機械によってジグ，取付け具や切削油剤が変ってくる。

　さらに第1編の各章とも密接な関連がある。

　したがって本編を勉強するときは，すでに学んだ第1編の要点を念頭において，第1章から第4章までを通読して，それぞれの章の内容を大づかみにとらえ，つぎに改めて第1章から第4章までを勉強するとよい。

　なお第4章は概略の知識として理解するとよい。

第1章　工作機械の種類および用途

第1節　工作機械一般

学習のねらい

　ここでは，つぎのことがらを学ぶ。なお，この節で学ぶことは各種の工作機械に共通して考えられるものである。
（1）　工作機械の分類
（2）　工作機械の備えるべき条件
（3）　工作機械の3運動と自動化
（4）　各種テーパ
（5）　各種工作機械の工作法による表面粗さと加工精度
（6）　工作機械の動力伝達方式

学習の手びき
（1）　工作機械は，はん（汎）用と専用，総合とユニット，手動，半自動と全自動，さらに各種数値制御などに分類されるが，それぞれの機能と特徴はなにか。
（2）　工作機械が，生産性を高めるために具備すべき条件はなにか。操作性を向上させるためにとられている対応策はなにか。
（3）　工作機械の主運動，位置決め，送りとはどういうことか。自動化へ進む過程とそれが要求される社会環境はなにか。
（4）　工作機械に使用されているテーパにはどのような種類があるか。
（5）　工作物の仕上げ面の表面粗さとはどういうことか。
（6）　切削工具の刃先形状と切削速度，切込み，送りなどとの関係，工作物の材質と切削工具との関係さらに切削油剤との関係はなにか。
（7）　工作機械の動力伝達方式および速度変換方式の種類と工作機械へどのように利用されているか。
以上のことがらについて理解すること。

第2節　各種工作機械

--- 学習のねらい ---

ここでは，一般に使用されている工作機械のつぎのことがらについて学ぶ。
(1) 旋盤については，旋盤の機能，普通旋盤の主要部の名称と構造について理解したうえで，各種旋盤の特徴，構造，機能，旋盤の大きさの表し方など。
(2) フライス盤については，他の工作機械と異なる機能的な特徴，各種フライス盤の構造，主要部の名称，フライス盤の大きさの表し方など。
(3) 形削り盤，立て削り盤，平削り盤，ボール盤，中ぐり盤，歯切り盤および研削盤については，主要部の名称，主軸受や案内面などの種類，構造および機能，機械の大きさの表し方など。
(4) 金切り盤，歯車仕上げ盤，放電加工機および数値制御工作機械については，それぞれの工作機械の種類および用途など。

学習の手びき
(1) 旋盤の主要部の名称と構造，各種旋盤の特徴はなにか。
(2) フライス盤の主要部の名称と構造，各種フライス盤の特徴はなにか。
(3) 形削り盤などの種類と特徴はなにか。
(4) 金切り盤などの種類と特徴はなにか。
(5) 数値制御工作機械の数値制御方式はなにか。
以上のことがらについて理解すること。

《参考》
(1) 旋盤の主軸の剛性について
　　どのような強い外力を加えても，絶対に変形や破壊しないような物体を「剛体」といい，このように外力に対して強い性質を「剛性」という。しかし，実際には，地球上にはこのような剛体は存在しないが，理論上の剛体を想定して剛性という考え方が使われている。

（2） 三点支持には2つの考え方があることについて

　　その1つは軸を軸受で支える場合の例で，一般には軸を支えるときの軸受の数は，軸の両端部に近い2箇所に設けることが多い。しかし軸の中間部に歯車などの動力伝達機構がある場合や，軸受間の距離が長い場合には，軸にたわみが出たり，振動の原因にもなることがある。このようなときに，中間部の適当なところに，さらに軸受を設けると，軸に剛性をもたせることができる。

　　このように軸受が3箇所になるようなときに，三点支持という。

　　三点支持のもう1つの考え方は，定盤上で工作物を心出しするときに，豆ジャッキなどを使って支えるが，この豆ジャッキ3個を三角形に配置して工作物を支えることがある。これを三点支持といっている。

（3） 回転モーメントについて

　　主軸の一端に面板を有する旋盤においては，主軸を歯車で駆動して回転させるのが一般的な構造であるが，この面板の直径が大であれば，回転させるための力すなわち回転モーメントも大にしなければならない。しかし教科書に述べているように，面板の外周に近い部分に取り付けてある大径の歯車を，小歯車で駆動する場合には，主軸を駆動するときと同じ回転モーメントを与えるのに必要な動力は小さくてすむので，この動力を大きくすることによって，より大きな回転モーメントを与えて，安定した切削加工を行うことができるようになる。

（4） フライス盤の補助具について

　　フライス盤の補助具として一般的なものは機械万力（マシンバイス）と，割出し台（単能形と万能形とがある。）と心押し台，回転テーブル，傾斜台などがある。

（5） フライスの削り方向について

　　教科書の図3－35の(a)は送りの方向と同方向にフライスが回転するため，切れ刃が工作物に接するのは上から下に向って切り込むようになる。これを下向き削りといって，送り機構に遊びがあると，切込みのたびに刃物が浮き上がるようになる。これに対して(b)では送り方向とフライスの回転方向は対向しており，切込みは下から上に向かうようになり，常に主軸は上に押し上げられるので，送り機構の遊びには影響されない。これが上向き削りである。

（6） インタロックとオーバランについて

　　機械加工は，いくつかの工程をつぎつぎと行うことによって作業は進行する。

　　いま a→b→c……n のような連続する工程において，1つの工程が完全に終った後でなければ，つぎの工程に移ってはならないとき，このような操作を自動的に行うようにするのがインタロックである。

　　平削り盤のテーブルのように，大形で重量のあるテーブルや工作物が往復運動する場合に，所定の停止位置で停止せず，停止位置の先方まで動いてしまうことがあると危険である。このような動作をオーバランという。

（7） パルスについて

　　数値制御の工作機械では，人手にかわってハンドルを動かすためにサーボ機構が使われており，その中に組み込まれているサーボモータは，パルス指令によって動作をする。このパルス指令とは動作の1つの単位，たとえばハンドルを 1/360° まわすことが，その動作の単位とすれば，360° ハンドルをまわすには360回信号を発すればよい。このように一動作ごとに発する電気的信号をパルスという。

第1章の学習のまとめ

　この章ではまず工作機械の一般的事項を学び，つぎに各種の工作機械の種類および用途に関して，つぎのことがらについて学んだ。

（1） 工作機械は主運動，送り運動，位置決めと3つの運動を必要とする。これが他の機械と異なるところである。

（2） 工作機械の分類の仕方にはいろいろの方法がある。われわれは目的に応じて必要とする分類項目を選択する。

（3） 工作機械は生産性，効率，精度，剛性，耐久性，操作性などの各方面から，その高度なものを要求されている。

（4） その表われの1つとして自動化の方向へと発展している。

（5） 実技に関連の深い問題として，表面粗さと加工精度はいろいろな条件によって変化するものであること。

（6） 工作機械の動力伝達方式の種類と特徴

（7） 各種工作機械の中の，それぞれ代表的な機種についてその形状，特徴

【練習問題の解答】

1. はん用工作機械（303ページ）
2. 3運動（305ページ）
3. 数値制御（307ページ）
4. 主軸台および主軸（313ページ）
5. 溝削り（321ページ）
6. 昇降，旋回（331ページ）
7. 創成法（337ページ）
8. テーパ（343ページ）

第2章　切削油剤

第1節　切削油剤の必要性と性質および作用

---学習のねらい---

ここでは，切削作業において切削油剤はなぜ必要であるのか，また，どのような性質および作用が必要であるかについて学ぶ。

学習の手びき

（1）切削作業において，工作物を切削工具で切削する際に，何が発生するか。この発生したものは，切削工具および工作物に，どのような影響を与えるか。また，切削油剤の役割は何か。

（2）切削作業においての切削油剤の役割を果たすために，どのような性質および作用が必要か。

以上のことがらについて理解すること。

第2節　切削油剤の種類および用途

---学習のねらい---

ここでは，切削油剤にはどのような種類があり，またどのように用いられているかについて学ぶ。

学習の手びき

（1）切削油剤を大別すると2つの種類になるが何と何か。

（2）不水溶性切削油剤はどのようなものか。またどのような種類があって，どのように用いられているか。

（3）極圧油の添加剤は，どのような目的で使用されるのか。またどのような種類があって，どのように用いられているか。

(4) 水溶性切削油剤はどのようなものか。またどのような種類があって，どのように用いられているか。
(5) バイト，カッタによる切削作業には，どのような切削油剤を選択すればよいか。
(6) 研削作業には，どのような切削油剤を選択すればよいか。
以上のことがらについて理解すること。

第2章の学習のまとめ

この章では切削油剤に関して，つぎのことがらについて学んだ。
(1) 工作物を切削工具で切削する際，大きなエネルギを必要とするが，このエネルギはほとんどが熱に変わり高い温度の熱量を発生する。この熱量のため，種々の支障を生ずるが，このような支障を除去するために切削油剤が用いられる。
(2) 切削油剤の種類とその用途

【練習問題の解答】

1. 高温（360ページ）
2. 流動性（360ページ）
3. アルカリ性水溶液（362ページ）

第3章 潤　　滑

第1節　潤滑の必要性

学習のねらい

　ここでは，機械において潤滑はなぜ必要か。また摩擦について学ぶ。

学習の手びき
（1）　機械における潤滑とはなにか。
（2）　潤滑の目的はなにか。
（3）　潤滑の効果はどのようになるか。
（4）　摩擦を分類すると，どのようになるか。
（5）　潤滑はどのような摩擦が理想的であるか。
以上のことがらを理解すること。

第2節　潤　滑　剤

学習のねらい

　ここでは，潤滑剤を使用するについて，どのような性質が必要であるか，どのような規格があるか，どのような種類および用途があるか，どのような選定が必要かについて学ぶ。

学習の手びき
（1）　潤滑剤とはなにか。
（2）　潤滑剤にはどのような性状があるか。
（3）　潤滑剤にはどのような種類があり，またどのように使われているか。
（4）　鉱物性潤滑剤に添加剤を使用するのはなぜか。
（5）　添加剤にはどのようなものがあるか。
（6）　潤滑剤を選ぶにはどのような条件が必要か。

(7) 潤滑剤を正しく取り扱うにはどのような注意が必要か。

以上のことがらについて理解すること。

第3節 潤滑法（給油法）

--- 学習のねらい ---

ここでは，機械のそれぞれの潤滑部分に適した潤滑法（給油法）について，どのような種類があるか，どのように選定すればよいか，潤滑に必要な器具はどのようなものがあるかについて学ぶ。

学習の手びき

(1) 潤滑法（給油法）の種類は2つに大別することができる。何と何か。
(2) 油潤滑とグリース潤滑のそれぞれの特徴は何か。
(3) 油潤滑法にはどのような種類があってどのように用いられているか。
(4) 潤滑法（給油法）の選定について，すべり軸受と，転がり軸受はどのように重点がおかれるか。
(5) 潤滑用器具にはどのようなものがあるか。

以上のことがらについて理解すること。

第3章の学習のまとめ

この章では潤滑に関して，つぎのことがらについて学んだ。

(1) 機械を正常な状態に保つためには，固体摩擦をなくすことと，じんあいから守ることが必要で，このため潤滑が必要となる。
(2) 摩擦の種類とそれに対応する潤滑
(3) 潤滑剤の性質，種類と用途
(4) 潤滑法の種類とその選定

【練習問題の解答】

1．焼付き（365ページ）

2．油（366ページ）

3．冷却効果（368ページ）

4．大（369ページ）

5．給油量（371ページ）

第4章　その他の工作法

第1節　鋳造作業

─── 学習のねらい ───

　ここでは，鋳造作業における作業工程，模型，鋳型，溶解注湯，特殊鋳造法，さらに鋳造品に生ずる欠陥などについて学ぶ。

学習の手びき
（1）　鋳造作業とはどのような作業か。
（2）　鋳造品と模型との縮みしろとの関係および鋳物尺の重要性はなにか。
（3）　模型と鋳型の種類および押し湯の効用はなにか。
（4）　特殊鋳造法の種類と用途はなにか。
（5）　ピンホール，ブローホール，砂かみ，のろかみ，引けす，ざく，鋳きず，鋳はだ不良，割れ，変形，寸法不良などいろいろな欠陥の生ずる原因はなにか。
以上のことがらについて概略を理解すること。

第2節　塑性加工

─── 学習のねらい ───

　ここでは，鍛造，製缶，板金，プレス，絞り加工，転造など，いわゆる塑性加工について学ぶ。

学習の手びき
（1）　塑性変形とはどのようなことか。
（2）　塑性加工できる材料とできない材料はなにか。
（3）　自由鍛造と型鍛造の相違点はなにか。
（4）　鍛造用設備，工具の種類と鍛造法
（5）　製缶および板金加工の工程と機械設備

(6) プレス加工の原理と加工方法
(7) 絞り加工の方法
(8) 転造の特徴，転造盤および転造作業の方法
以上のことがらについて概略を理解すること。

第3節　溶　　接

―― 学習のねらい ――

　塑性加工が発達したのは溶接技術が進歩したからであるといっても過言ではない。特に製缶加工，板金加工においては，溶接による接合がさかんに行われている。
　ここでは，各種溶接法について学ぶ。

学習の手びき
(1) 一般的に用いられているアーク溶接法
(2) 抵抗溶接法
以上のことがらについて概略を理解すること。

第4節　表　面　処　理

―― 学習のねらい ――

　ここでは，防せいを主とする表面処理について学ぶ。

学習の手びき
　金属の中で鉄はとくにさびを発生しやすい。さびはいろいろな障害になるし，さびが発生しないようにしなければならない。また美観を保ったり，商品価値を高める必要もあり，表面処理はこのような目的で行う。
(1) さびの発生と予防対策としての防せいの方法
(2) 非金属被覆による防せいはなにか。
(3) 金属被覆による防せいと，防せい以外の効果はなにか。
(4) めっき法の種類と方法

(5) 酸洗いの目的と方法
(6) 塗装の方法と塗料の種類，用途はなにか。
以上のことがらについて概略を理解すること。

第5節　粉末や金

―― 学習のねらい ――

　ここでは，粉末や金とはどのような加工法か，また，その種類や用途はどうかについて学ぶ。粉末や金の製品には，切削工具として広く使われている超硬合金のほか，機械部品，多孔質部品や摩擦部品として使われる製品があることを理解しておくとよい。

学習の手びき
(1) 粉末や金の工程
(2) 粉末や金の種類と用途はなにか。
以上のことがらについて概略を理解すること。

第4章の学習のまとめ
この章では，金属の加工法に関して，つぎのことがらについて学んだ。
(1) 鋳造の特徴すなわち金属を溶解して鋳型に流し込み，これを冷却することによって製品を得るための，工程および工程ごとの注意点
(2) 特殊な鋳造法の種類
(3) 鋳物に生ずる欠陥の種類とその原因
(4) 塑性加工の特徴と，鍛造，製かん，板金，プレス，転造など塑性加工の種類，工程，機械設備，工具，作業方法など
(5) 各種溶接法の種類と特徴および用途
(6) 表面処理の必要性とその種類
(7) 粉末や金の方法と製品

【練習問題の解答】

1．鋳造方案（374ページ）
2．超音波探傷試験（377ページ）
3．可塑性（378ページ）
4．へら絞り（385ページ）
5．全自動（388ページ）
6．被膜・めっき（391ページ）

第4編　材料力学

学習の目標

第4編では，材料力学について仕上げ科を勉強するうえで知っておかなければならないことがらを学ぶ。第4編はつぎの各章より構成されている。

第1章　荷重，応力およびひずみ
第2章　は　　　り
第3章　応力集中，安全率および疲労

仕上げにおいていろいろな機械部品に働く荷重の種類や大きさなどを知ることは，安全で強く，かつ経済的な部品を見出し，それらを適材適所に用いて機械をよりよい構造にするうえで非常に重要なことである。

第1章　荷重，応力およびひずみ

第1節　荷重および応力の種類

学習のねらい

ここでは，つぎのことがらについて学ぶ。
（1）荷重の種類
（2）応力の種類
（3）単純応力の計算

学習の手びき

荷重および応力の種類を理解し，その計算法を例題などで理解すること。

《参考》

国際単位系（SI）について

国際単位系（世界共通の公式な略称はSI）は，1960年の第11回国際度量衡総会で採択され，その後，多少の修正，拡大を経て，メートル系の新しい形態として広範な支持を得ている単位系である。日本でも平成5年（1993年11月）をもって，一斉に切り換えら

れることとなった。

わが国では，昭和34年（1959年）からメートル法による単位を使用しているので，長さはメートル，質量はキログラム，というように，大部分の計算単位はすでにSIによる単位を使用しているが，たとえば，力の単位の重量キログラム（kgf），応力の単位の重量キログラム平方ミリメートル（kgf/mm^2）など非SIの単位もいまだ一部で使用されている。これら非SI単位は段階的な使用猶予期限（最終的には平成11年9月30日）を設けて，SI単位への移行が進められている。

JISでは昭和61年1月1日以降，制定または改正されたものについては，そのJISの中で用いる計算単位は，原則として，たとえば，395N {40.3kgf} というように，SI単位による数値を規格値として括弧の外に出し，従来単位による換算値を括弧書き併記するか，または，たとえば395Nというように，SI単位による数値だけで規格値を示すこととしている。

"重量，荷重"などの単位をSI単位に切り替える場合は，つぎのように考えればよい。

重量は物体固有のものではなく，物体が本質的にもっているものは質量である。

質量をmとすると，ニュートンの法則により，この物体に力Fを加えたとき，物体の加速度aを得る。すなわち，$F=ma$である。質量mの単位をkg，加速度aの単位をm/s^{2}としたとき，力Fの単位はkg·m/s^2，すなわちニュートン（N）である。

また，$m=1$kgとした場合の標準重量は1kgfで，これをSIで表せば1kgf=1(kg)×9.80665(m/s^2)=9.80665Nである（この換算係数9.80665は無次元数）。

たとえば，丸棒に1kgfの引張荷重をかけるという場合，SI単位に切り換えると，その力はN単位で示すことになる。

(1kgf=9.80665N≒9.8N)

表1に材料力学で用いられる主要な組立単位を，表2に工学単位とSI単位との換算係数のうち，材料力学でよく用いられるものを示してある。

表1　　材料力学で用いられる主要な組立単位

量	SI 単位（名称）	単位記号
面積	平方メートル	m^2
体積	立方メートル	m^3
速度	メートル毎秒	m/s
加速度	メートル毎秒毎秒	m/s^2
角速度	ラジアン毎秒	rad/s
角加速度	ラジアン毎秒毎秒	rad/s^2
振動数，周波数	ヘルツ	Hz
回転数	回毎秒	S^{-1}
密度	キログラム毎立方メートル	kg/m^3
運動量	キログラムメートル毎秒	kg·m/S
運動量モーメント，角運動量	キログラム平方メートル毎秒	$kg·m^2/s$
慣性モーメント	キログラム平方メートル	$kg·m^2$
力	ニュートン	N
力のモーメント	ニュートンメートル	N·m
圧力	パスカル	Pa
応力	パスカル（ニュートン毎平方メートル）	Pa (N/m^2)
表面張力	ニュートン毎メートル	N/m
エネルギー，仕事	ジュール	J
仕事率，動力	ワット	W

表2　　　　　　　換算係数

量	工学単位	SIの単位
質量	$kgf \cdot s^2/m$	kg
	1	9.80665
	1.01972×10^{-1}	1
力	kgf	N
	1	9.80665
	1.01972×10^{-1}	1
力のモーメント	$kgf \cdot m$	$N \cdot m$
	1	9.80665
	1.01972×10^{-1}	1
圧力	kgf/cm^2	Pa
	1	9.80665×10^4
	1.01972×10^{-5}	1
	atm	Pa
	1	1.01325×10^5
	9.86923×10^{-6}	1
	mmH_2O	Pa
	1	9.80665
	1.01972×10^{-1}	1
	mmHg, Torr	Pa
	1	1.33322×10^2
	7.50062×10^{-3}	1
応力	kgf/mm^2	$Pa(N/m^2)$
	1	9.80665×10^6
	1.01972×10^{-7}	1
エネルギー，仕事	$kgf \cdot m$	J
	1	9.80665
	1.01972×10^{-1}	1
	$kW \cdot h$	J
	1	3.6×10^6
	2.77778×10^{-7}	1
仕事率，動力	$kgf \cdot m/s$	W
	1	9.80665
	1.01972×10^{-1}	1
	PS	W
	1	7.355×10^2
	1.35962×10^{-3}	1
衝撃値	$kgf \cdot m/cm^2$	J/m^2
	1	9.80665×10^4
	1.01972×10^{-5}	1
	$kgf \cdot m$	J
	1	9.80665
	1.01972×10^{-1}	1

第2節　荷重，応力，ひずみおよび弾性係数の関係

――― 学習のねらい ―――

ここでは，つぎのことがらについて学ぶ。

(1) ひずみの種類

(2) 応力ひずみ線図

(3) 弾性係数

学習の手びき

ひずみの種類および弾性変形などについて理解すること。

第1章の学習のまとめ

この章では，荷重，応力およびひずみ関してつぎのことがらについて学んだ。

(1) 荷重および応力の種類

(2) 荷重，応力，ひずみおよび弾性係数の関係

【練習問題の解答】

1. (1) ×（第1節1．1(1)参照）　　大きさのみでなく方向も周期的に変わる荷重は「交番荷重」という。

(2) ○（第2節2．1参照）

(3) ×（第2節2．1(2)参照）　　引張荷重または圧縮荷重を作用させると，材料は荷重方向に変形すると同時に，荷重に直角の方向にも変形する。この荷重に直角な方向の縮みまたは伸びをもとの長さで割ったものを「横ひずみ」という。

(4) ×（第2節2．2表4－1参照）　弾性限度のほうが大きい。

(5) ○（第2節2．2表4－1参照）

(6) ×（第2節2．2表4－1参照）　JISでは，判別しやすさから，上降伏点をその材料の降伏点として採用している。

(7) ○ (第2節2．3参照)

(8) ○ (第2節2．3(1)参照)

(9) ○ (第2節2．3(4)参照)

(10) × (第2節2．3(4)参照)　　mの値は軟鋼では3.3である。

2．(1)　(第2節2．2表4－1参照)

(2)　(　　〃　　)

(3)　(　　〃　　)

(4)　(　　〃　　)

3．(1)　(9.8), (9.8×10^4), (98)

(2)　(402), (402×10^6), (402)

(3)　(20.6×10^{10}), (206)

4．せん断応力が生ずる断面積Aを求める。

$A = \pi\,dt = 3.14 \times 1.2 \times 10^{-2}\,[\text{m}] \times 1 \times 10^{-2}\,[\text{m}] = 3.768 \times 10^{-4}\,[\text{m}^2]$

式（4－3）$\tau = \dfrac{W}{A}$より，

$W = \tau A = 400 \times 10^6\,[\text{N/m}^2] \times 3.768 \times 10^{-4}\,[\text{m}^2] = 1507 \times 10^2\,[\text{N}] = 151\,[\text{kN}]$

答　151kN

5．式（4－4）より，

$\varepsilon = \dfrac{\lambda}{l_0} = \dfrac{0.36}{1500} = 2.4 \times 10^{-4}$

式（4－1）より，

$\sigma = \dfrac{W}{A} = \dfrac{49 \times 10^3\,[\text{N}]}{1 \times 10^{-3}\,[\text{m}^2]} = 49 \times 10^6\,[\text{N/m}^2]$

式（4－7）より，

$E = \dfrac{\sigma}{\varepsilon} = \dfrac{49 \times 10^6\,[\text{N/m}^2]}{2.4 \times 10^{-4}} = 20.4 \times 10^{10}\,[\text{N/m}^2] = 204\,[\text{GPa}]$

答　204GPa

第2章　は　り

第1節　はりに働く力のつりあい

学習のねらい

ここでは，つぎのことがらについて学ぶ。
(1) 外力およびモーメントのつりあい
(2) せん断力
(3) 曲げモーメント

学習の手びき

はりの種類，せん断力および曲げモーメントについて理解すること。

第2節　せん断力図と曲げモーメント図

学習のねらい

ここでは，つぎのことがらについて学ぶ。
(1) 集中荷重を受ける片持ばり
(2) 集中荷重を受ける単純ばり
(3) 等分布荷重を受ける片持ちばり
(4) 等分布荷重を受ける単純ばり

学習の手びき

片持ちばり，単純ばりについてせん断力図と曲げモーメント図を例題などで理解すること。

第3節　はりに生ずる応力とたわみ

―― 学習のねらい ――

ここでは，つぎのことがらについて学ぶ。

(1) 曲げ応力
(2) 断面二次モーメントと断面係数
(3) 曲げ応力の算出
(4) はりのたわみ

学習の手びき

曲げ応力とたわみの算出について理解すること。

第2章の学習のまとめ

この章では，曲げ作用を受けるはりについて，つぎのことがらを学んだ。

(1) はりに働く力のつりあい
(2) せん断力図と曲げモーメント図
(3) はりに生ずる応力とたわみ

【練習問題の解答】

1. (1) ○（第1節1．3参照）
   (2) ×（第2節2．1(2)参照）　自由端では0，固定端で最大となる。
   (3) ○（第2節2．2参照）
   (4) ×（第2節2．1参照）　$M\max=-wl$
   (5) ○（第3節3．2参照）
   (6) ×（第3節3．4参照）　片持ちばりでは，固定端のたわみは0で，自由端で最大となる。

2．図（a）の場合

　　反力　B点のモーメントのつりあいから

　　　　$2×6-R_A×8=0$

　　　　$R_A=\dfrac{2×6}{8}=1.5$ 〔kN〕

　　　　$R_B=W-R_A=2-1.5=0.5$ 〔kN〕

　　せん断力　$F_X=1.5-2=-0.5$ 〔kN〕（右側を考えて$-R_B$でもよい）

　　曲げモーメント　$M_X=1.5×6-2×4=1$ 〔kN・m〕（右側を考えて$+R_B×2$でもよい）

　　図（b）の場合

　　　　せん断力 $F_X=-3$ 〔kN〕

　　　　曲げモーメント $M_X=-3×1.5=-4.5$ 〔kN・m〕

　　答（a）せん断力-0.5kN，曲げモーメント1kN・m

　　　（b）せん断力-3kN，曲げモーメント-4.5kN・m

3．図（a）の場合

　　反力　B点のモーメントのつりあいから，

　　　　$6×300+3×100-R_A×600=0$

　　　　$R_A=\dfrac{1800+300}{600}=3.5$ 〔kN〕

　　　　$R_B=6+3-R_A=5.5$ 〔kN〕

　　せん断力　$F_{AC}=R_A=3.5$ 〔kN〕

　　　　$F_{CD}=R_A-6=-2.5$ 〔kN〕

　　　　$F_{DB}=-R_B=-5.5$ 〔kN〕

　　曲げモーメント　$M_A=0$　$M_B=0$

　　　　$M_C=R_A×300=1050$ 〔kN・mm〕$=1050$ 〔N・m〕

　　　　$M_D=R_A×500-6×200=550$ 〔kN・mm〕$=550$ 〔N・m〕

　　図（b）の場合

　　せん断力　$F=-wx$

　　　　$F_A=0$

　　　　$F_B=-wl=-2×2000=-4000$ 〔N〕$=-4$ 〔kN〕

曲げモーメント　$M_x = -\dfrac{wx^2}{2}$

$M_x = 0$

$M_B = -\dfrac{wl^2}{2} = -\dfrac{2 \times 2000^2}{2} = -4 \times 10^6$ 〔N・mm〕

　　　　　$= -4$ 〔kN・m〕

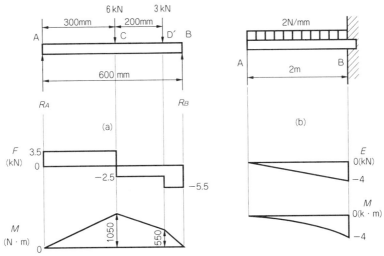

〔図4-31のはりのせん断力図と曲げモーメント図〕

4．教科書の表4-2より $Z = \dfrac{1}{6}bh^2 = \dfrac{1}{6} \times 60^3 = 36000$ 〔mm³〕

　図（a）の場合　式（4-24）より

　　　　$\sigma_b = \dfrac{M}{Z} = \dfrac{1050000}{36000} = 29$ 〔N/mm²〕 $= 29 \times 10^6$ 〔N/m²〕 $= 29$ 〔MPa〕

　図（b）の場合

　　　　$\sigma_b = \dfrac{M}{Z} = \dfrac{4000000}{36000} = 111$ 〔N/mm²〕 $= 111 \times 10^6$ 〔N/m²〕 $= 111$ 〔MPa〕

　答　$\sigma_b \mathrm{max}$　（a）29MPa　（b）111MPa

5. 反力　$R_A = \dfrac{2 \times 1500 + 3 \times 700}{2000} = 2.55$ 〔kN〕

$R_B = 2 + 3 - 2.55 = 2.45$ 〔kN〕

曲げモーメント　$M_C = R_A \times 500 = 2.55 \times 500 = 1275$ 〔kN·mm〕

$M_D = R_B \times 700 = 2.45 \times 700 = 1715$ 〔kN·mm〕 ……max

許容応力　$\sigma_a = 80\text{MPa} = 80 \times 10^6$ 〔N/m²〕 $= 80$ 〔N/mm²〕

式（4-23）$M = \sigma_b Z$ より，

$$Z = \dfrac{M}{\sigma_b} = \dfrac{1715000}{80} = 21438 \text{ 〔mm}^3\text{〕}$$

表4-2　$Z = \dfrac{\pi}{32} d^3$ より，

$$d = \sqrt[3]{\dfrac{32 \times 21438}{\pi}} \text{ 〔mm〕} = \sqrt[3]{218476} \text{ 〔mm〕} = 60.2 \text{ 〔mm〕}$$

答　円形の直径　60.2mm

第3章 応力集中，安全率および疲労

第1節 応力集中

学習のねらい

ここでは，つぎのことがらについて学ぶ。

（1） 切欠きの影響

（2） 応力集中係数

学習の手びき

応力集中について概略を理解すること。

第2節 安　全　率

学習のねらい

ここでは，つぎのことがらについて学ぶ。

（1） 許容応力

（2） 安全率の決定法

学習の手びき

安全率について概略を理解すること。

第3節　金属材料の疲労

学習のねらい

ここでは，つぎのことがらについて学ぶ。

（1）疲労による破損
（2）疲れ限度

学習の手びき

金属材料の疲労について概略を理解すること。

第3章の学習のまとめ

この章では，つぎのことがらについて学んだ。

（1）応力集中
（2）安全率および疲労

【練習問題の解答】

1．第1節1．2参照
2．第2節2．2参照
3．第3節3．1参照
4．第3節3．2参照
5．式（4－26）より

$$\sigma_a = \frac{\sigma_B}{S} = \frac{400 \ [\text{N/mm}^2]}{5} = 80 \ [\text{N/mm}^2]$$
$$= 80 \times 10^6 \ [\text{N/m}^2] = 80 \ [\text{MPa}]$$

答　80MPa

第5編　材　料

学習の目標

　第5編では，材料について仕上げ科を勉強するうえで知っておかなければならないことがらを学ぶ。第5編はつぎの各章より構成されている。

　　第1章　金属材料
　　第2章　金属材料の諸性質
　　第3章　材料試験
　　第4章　金属材料の熱処理
　　第5章　加熱装置
　　第6章　非金属材料

　仕上げにおいて使用する材料の持っている性質などを知ることは，加工するうえで非常に重要なことである。

第1章　金属材料

第1節　鋳鉄と鋳鋼

学習のねらい

　ここでは，つぎのことがらについて学ぶ。
　(1)　ねずみ鋳鉄
　(2)　球状黒鉛鋳鉄
　(3)　可鍛鋳鉄
　(4)　鋳鋼

学習の手びき

　鋳鉄と鋳鋼の性質と用途を理解すること。

第2節　炭素鋼と合金鋼

---- 学習のねらい ----

ここでは，つぎのことがらについて学ぶ。

(1) 炭素鋼
(2) 合金鋼

学習の手びき

炭素鋼と合金鋼の種類と用途を理解すること。

第3節　銅と銅合金

---- 学習のねらい ----

ここでは，つぎのことがらについて学ぶ。

(1) 銅
(2) 銅合金

学習の手びき

銅の性質と銅合金の種類と用途を理解すること。

第4節　アルミニウムとアルミニウム合金

---- 学習のねらい ----

ここでは，つぎのことがらについて学ぶ。

(1) アルミニウム
(2) アルミニウム合金

学習の手びき

アルミニウムの性質と用途，アルミニウム合金の種類，性質と用途を理解すること。

第5節　超硬焼結工具材料

---　学習のねらい　---

ここでは，つぎのことがらについて学ぶ。
（1）炭化タングステン系焼結合金
（2）炭化タングステン，炭化チタン，コバルト系焼結合金
（3）セラミック工具
（4）サーメット

学習の手びき
超硬焼結工具材料の種類と用途を理解すること。

第6節　その他の金属と合金

---　学習のねらい　---

ここでは，つぎのことがらについて学ぶ。
（1）チタン
（2）すず，鉛，亜鉛とその合金
（3）軸受用合金

学習の手びき
チタンおよび白色金属の性質と用途を理解すること。

第1章の学習のまとめ

この章では，金属材料に関して，つぎのことがらについて学んだ。

（1） 鋳鉄と鋳鋼の用途上の相違点
（2） 炭素鋼と合金鋼の用途上の相違点
（3） 銅と銅合金の用途上の相違点
（4） アルミニウムとアルミニウム合金の用途上の相違点
（5） 超硬焼結工具材料の種類と用途
（6） チタンと白色金属の性質と用途

【練習問題の解答】

（1） 500〜600（425ページ）
（2） 球状（427ページ）
（3） 炭素鋼（429ページ）
（4） 18−4−1（439ページ）
（5） 砲金（442ページ）
（6） 酸化膜（443ページ）
（7） 高速度高荷重（448ページ）

第2章　金属材料の諸性質

第1節　引張強さ

学習のねらい

ここでは，金属材料の引張強さについて学ぶ。

学習の手びき

引張強さの表示方法を理解すること。

第2節　伸び

学習のねらい

ここでは，伸びについて学ぶ。

学習の手びき

伸びの種類を理解すること。

第3節　延性および展性

学習のねらい

ここでは，延性，展性について学ぶ。

学習の手びき

延性および展性を理解すること。

第4節 硬 さ

> **学習のねらい**
>
> ここでは，硬さについて学ぶ。

学習の手びき

硬さの意味を理解すること。

第5節 加 工 硬 化

> **学習のねらい**
>
> ここでは，加工硬化について学ぶ。

学習の手びき

加工硬化の現象を理解すること。

第6節 もろさおよび粘り強さ

> **学習のねらい**
>
> ここでは，もろさおよび粘り強さについて学ぶ。

学習の手びき

もろさおよび粘り強さを理解すること。

第7節 熱 膨 張

学習のねらい

ここでは，熱膨張について学ぶ。

学習の手びき

熱膨張の大きいものと小さいものとがあることを理解すること。

第8節 熱 伝 導

学習のねらい

ここでは，熱伝導について学ぶ。

学習の手びき

熱伝導の大きいものと小さいものがあることを理解すること。

第2章の学習のまとめ

この章では，金属材料の性質に関して，つぎのことがらについて学んだ。
（1） 引張強さの表わし方
（2） 引張試験と伸びの関係
（3） 展性，延性，硬さの用語と意味
（4） 線膨張率の表し方
（5） 熱伝導率の表し方

【練習問題の解答】
（1） N/mm^2（450ページ）
（2） 延性（451ページ）
（3） 合金（452ページ）

第3章 材料試験

第1節 引張試験

学習のねらい

ここでは，引張試験の方法について学ぶ。

学習の手びき

金属材料試験と引張強さの求め方の概略を理解すること。

第2節 曲げ試験

学習のねらい

ここでは，つぎのことがらについて学ぶ。
(1) 曲げ試験の方法
(2) 抗折試験の方法

学習の手びき

曲げ試験の方法と抗折試験の方法の概略を理解すること。

第3節 硬さ試験

学習のねらい

ここでは，つぎのことがらについて学ぶ。
(1) ロックウェル硬さ試験の方法
(2) ショア硬さ試験の方法
(3) ブリネル硬さ試験の方法
(4) ビッカース硬さ試験の方法

学習の手びき

各種の硬さ試験の方法の概略を理解すること。

第4節 衝撃試験

――― 学習のねらい ―――

ここでは，つぎのことがらについて学ぶ。
（1） シャルピー衝撃試験の方法
（2） アイゾット衝撃試験の方法

学習の手びき

衝撃試験の方法の概略を理解すること。

第5節 非破壊試験

――― 学習のねらい ―――

ここでは，つぎのことがらについて学ぶ。
（1） 超音波探傷試験の方法
（2） 磁気探傷試験の方法
（3） 浸透探傷試験の方法
（4） 放射線透過試験の方法

学習の手びき

非破壊試験の原理とどのような欠陥の発見に用いるのか概略を理解すること。

第6節　火　花　試　験

> **学習のねらい**
>
> ここでは，火花試験について学ぶ。

学習の手びき

火花試験の用途の概略を理解すること。

第3章の学習のまとめ

この章では，材料試験に関して，つぎのことがらについて学んだ。

（1）　引張試験でどんなことが求められるか
（2）　曲げ試験の方法
（3）　各試験機による硬さの表し方
（4）　衝撃試験機の種類と方法
（5）　非破壊試験の種類と方法
（6）　火花試験での火花の特徴と鋼種

【練習問題の解答】

（1）　試験片（454ページ）
（2）　抗折試験（455ページ）
（3）　ダイヤモンド（457ページ）
（4）　水平（459ページ）
（5）　透過度（462ページ）

第4章　金属材料の熱処理

第1節　焼　入　れ

―― 学習のねらい ――
　ここでは，焼入れについて学ぶ。

学習の手びき

焼入れ温度と冷却速度により，組織が異なることを理解すること。

第2節　焼　戻　し

―― 学習のねらい ――
　ここでは，焼戻しについて学ぶ。

学習の手びき

焼戻し温度と組織の変化を理解すること。

第3節　焼　な　ま　し

―― 学習のねらい ――
　ここでは，つぎのことがらについて学ぶ。
（1）　完全焼なまし
（2）　軟化焼なまし
（3）　応力除去焼なまし

学習の手びき

焼なましの種類と組織の変化を理解すること。

第4節　焼ならし

学習のねらい

ここでは，焼ならしについて学ぶ。

学習の手びき

焼ならしの方法と組織を理解すること。

第5節　表面硬化処理

学習のねらい

ここでは，つぎのことがらについて学ぶ。
(1) 浸炭法
(2) 窒化法
(3) 表面焼入れ

学習の手びき

表面硬化処理の方法を理解すること。

第4章の学習のまとめ

この章では，金属材料の熱処理に関して，つぎのことがらについて学んだ。

(1) 焼入れ温度と冷却速度，炭素量（C%）と焼入れ組織の関係
(2) 焼もどしの目的と方法
(3) 焼なましの目的と方法
(4) 焼ならしの目的と方法
(5) 表面硬化処理の目的と方法

【練習問題の解答】

(1) 硬化（465ページ）
(2) A_3，A_1（465ページ）
(3) 焼入効果（466ページ）
(4) 標準的（467ページ）
(5) 焼入れ（468ページ）

第5章　加熱装置

第1節　電気抵抗炉

学習のねらい

ここでは，つぎのことがらについて学ぶ。

（1）　箱形炉

（2）　台車炉

（3）　ピット炉（円筒炉）

学習の手びき

各炉の構造とその主な用途について理解すること。

第2節　ガス炉

学習のねらい

ここでは，つぎのことがらについて学ぶ。

（1）　直接加熱炉

（2）　間接加熱炉

（3）　ラジアントチューブ炉

学習の手びき

ガス炉の特徴を理解すること。

第3節　重油炉および軽油炉

学習のねらい

ここでは，重油炉および軽油炉について学ぶ。

学習の手びき

重油炉および軽油炉の特徴を理解すること。

第4節　熱　浴　炉

学習のねらい

ここでは，つぎのことがらについて学ぶ。
（1）内部加熱塩浴炉
（2）外部加熱塩浴炉

学習の手びき

熱浴炉の種類と特徴を理解すること。

第5節　その他の炉

学習のねらい

ここでは，つぎのことがらについて学ぶ。
（1）雰囲気炉
（2）真空炉

学習の手びき

各炉の用途を理解すること。

第6節　高周波加熱装置

学習のねらい

ここでは，つぎのことがらについて学ぶ。
（1）高周波発振器
（2）コイルの形状，寸法と誘導加熱効果

学習の手びき

高周波加熱による熱処理を理解する。

第7節　炎熱処理装置

学習のねらい

ここでは，炎熱処理装置について学ぶ。

学習の手びき

炎熱処理についてその特徴を理解する。

第5章の学習のまとめ

この章では，加熱装置に関して，つぎのことがらについて学んだ。

(1) 電気炉の取扱いと構造
(2) 箱形炉，台車炉，ピット炉の構造，用途
(3) ガス炉の取扱いと構造
(4) 直接加熱炉，間接加熱炉，ラジアントチューブ炉の構造，用途
(5) 重油炉，軽油炉の特徴
(6) 熱浴炉の種類と用途
(7) 雰囲気炉の種類，特徴，用途
(8) 真空炉の構造，用途
(9) 高周波加熱装置の種類，特徴，用途
(10) 炎熱処理装置の構造，特徴

【練習問題の解答】

(1) ピット炉または円筒炉（470〜471ページ）
(2) 間接加熱（472ページ）
(3) 金属（472ページ）
(4) 大電流（476ページ）
(5) 熱伝導（477〜478ページ）

第6章　非金属材料

第1節　研削材料

学習のねらい

ここでは，つぎのことがらについて学ぶ。
（1）天然研削材
（2）人造研削材
（3）油といし

学習の手びき

人造研削材の種類と用途について

第2節　パッキン，ガスケット用材料

学習のねらい

ここでは，つぎのことがらについて学ぶ。
（1）皮革
（2）綿布および繊維
（3）ゴム
（4）合成樹脂
（5）金属

学習の手びき

パッキン，ガスケット用材料の種類，性質および用途について理解すること。

第3節　その他の材料

学習のねらい

ここでは，つぎのことがらについて学ぶ。

（1）　木材
（2）　ガラス
（3）　塗料
（4）　セメントおよびコンクリート

学習の手びき

木材，ガラス塗料のうちのさび止め塗料などの種類と用途について理解すること。

第6章の学習のまとめ

この章では，非金属材料に関して，つぎのことがらについて学んだ。

（1）　人造研削材の種類，用途
（2）　パッキン，ガスケット材料の種類，性質および用途
（3）　さび止め塗料の種類，性質および用途

【練習問題の解答】

（1）　GC（479ページ）
（2）　熱硬化性（481ページ）
（3）　鉛丹（485ページ）

第6編 製図

学習の目標

第6編では，機械製図について仕上げ科を勉強するうえで知っておかなければならないことがらを学ぶ。

機械部品を製作するうえで，その製作図面を理解することは重要なことである。機械製図にはJISにより種々な約束事が定められているので，これらをまず理解することが大切である。

第6編はつぎの各章より構成されている

- 第1章 製図の概要
- 第2章 図形の表し方
- 第3章 寸法記入
- 第4章 寸法公差およびはめあい
- 第5章 面の肌の図示方法
- 第6章 幾何公差の図示方法
- 第7章 溶接記号
- 第8章 材料記号
- 第9章 ねじ，歯車などの略画法

第1章 製図の概要

第1節 製図の規格

学習のねらい

ここでは，製図に関する規格について学ぶ。

学習の手びき

機械製図に関する諸規格がJISに定められていることを理解すること。

第2節　図面の形式

学習のねらい

ここでは，つぎのことがらについて学ぶ。
（1）図面の大きさおよび様式
（2）図面に用いる尺度
（3）図面に用いる線
（4）図面に用いる文字

学習の手びき

図面の大きさ，尺度，線や文字について理解すること。

第1章の学習のまとめ

この章では，機械製図に関して，つぎのことがらについて学んだ。
（1）JISに定められている製図の諸規格
（2）図面の形式

【練習問題の解答】
（1）○（第2節2．1参照）
（2）×（第2節2．2参照）　　尺度2：1は倍尺である。
（3）×（第2節2．3(3)参照）　　ジグなどの位置を参考に示す線は想像線である。
（4）○（第2節2．3(3)参照）
（5）○（第2節2．3(3)参照）

第2章　図形の表し方

第1節　投　影　法

学習のねらい

ここでは，つぎのことがらについて学ぶ。
（1）正投影図
（2）等角図およびキャビネット図

学習の手びき

投影法と投影図について理解すること。

第2節　図形の表し方

学習のねらい

ここでは，つぎのことがらについて学ぶ。
（1）投影図の示し方
（2）補助投影図
（3）回転投影図
（4）部分投影図
（5）局部投影図
（6）対称図形の省略
（7）繰返し図形の省略
（8）中間部の省略

学習の手びき

　立体を平面上に表すのが投影図である。主投影図をはじめ，これを補足する方法，簡略する方法，省略する方法などについて理解すること。

第3節　断面図の示し方

学習のねらい

ここでは，つぎのことがらについて学ぶ。
(1) 全断面図
(2) 片側断面図
(3) 部分断面図
(4) 回転図示断面図
(5) 組合せによる断面図
(6) 長手方向に切断しないもの
(7) 薄肉部の断面

学習の手びき

断面図を読む場合，まず，その図がどこで切断してあるかをつかむことである。いろいろな断面図について理解すること。

第4節　特別な図示方法

学習のねらい

ここでは，つぎのことがらについて学ぶ。
(1) 展開図
(2) 簡明な図示
(3) 相貫線の簡略図示
(4) 平面の表示
(5) 模様などの表示

学習の手びき

図を見やすく，理解しやすくするための特別な図示方法を理解すること。

第2章の学習のまとめ

この章では，図形の表し方に関して，つぎのことがらについて学んだ。

（1） 投影法
（2） 図形の表し方
（3） 断面図の示し方
（4） 特別な図示方法

【練習問題の解答】

1．第1節1．2(1)，(2)参照
2．第2節2．1(1)参照
3．第2節2．2参照
4．第2節2．6参照
5．第3節3．4参照
6．第3節3．6参照
7．第4節4．5参照

第3章 寸法記入

第1節 寸法記入方法の一般形式

学習のねらい

ここでは，つぎのことがらについて学ぶ。
(1) 寸法線・寸法補助線・端末記号
(2) 寸法数値の位置と向き
(3) 狭い所での寸法記入

学習の手びき

寸法記入方法の形式について理解すること。

第2節 寸法の配置

学習のねらい

ここでは，つぎのことがらについて学ぶ。
(1) 直列寸法記入法
(2) 並列寸法記入法
(3) 累進寸法記入法
(4) 座標寸法記入法

学習の手びき

寸法の配置を基にした記入方法について理解すること。

第3節　寸法補助記号の使い方

学習のねらい

ここでは，つぎのことがらについて学ぶ。
(1) 直径の表し方
(2) 半径の表し方
(3) 球の直径または半径の表し方
(4) 正方形の辺の表し方
(5) 厚さの表し方
(6) 弦・円弧の長さの表し方
(7) 面取りの表し方

学習の手びき

寸法の意味を明確にするための寸法補助記号について理解すること。

第4節　曲線の表し方

学習のねらい

ここでは，曲線の表し方について学ぶ。

学習の手びき

曲線で構成された形状の表し方について理解すること。

第5節　穴の表し方

学習のねらい

ここでは，穴の表し方ついて学ぶ。

学習の手びき

各種穴の表し方について理解すること。

第6節　キー溝の表し方

---**学習のねらい**---

ここでは，つぎのことがらについて学ぶ。
（1）軸のキー溝の表し方
（2）穴のキー溝の表し方

学習の手びき

キー溝の表し方について理解すること。

第7節　テーパ・こう配の表し方

---**学習のねらい**---

ここでは，テーパとこう配の表し方について学ぶ。

学習の手びき

テーパとこう配の表し方について理解すること。

第8節　その他の一般的注意事項

---**学習のねらい**---

ここでは，寸法記入方法の一般的注意事項について学ぶ。

学習の手びき

一般的注意事項について理解すること。

第3章の学習のまとめ

この章では,寸法記入に関して,つぎのことがらについて学んだ。

（1） 寸法記入の一般形式
（2） 寸法の配置
（3） 先方補助記号の使い方
（4） 曲線の表し方
（5） 穴の表し方
（6） キー溝の表し方
（7） テーパ・こう配の表し方
（8） その他の一般的注意事項

【練習問題の解答】

1．第1節1．2参照
2．第1節1．3参照
3．第2節2．3参照
4．第3節表6－6参照
5．第3節3．6参照
6．第5節参照
7．第6節6．1参照
8．第7節参照

第4章　寸法公差およびはめあい

第1節　寸 法 公 差

> **学習のねらい**
>
> ここでは，規格で用いる用語の意味について学ぶ。

学習の手びき

寸法公差に関する用語を理解すること。

第2節　は　め　あ　い

> **学習のねらい**
>
> ここでは，つぎのことがらについて学ぶ。
> （1）規格で用いる用語の意味
> （2）公差と公差域

学習の手びき

はめあいに関する用語を理解すること。

第3節　はめあい方式

―― 学習のねらい ――

ここでは，つぎのことがらについて学ぶ。

（1）穴基準はめあい

（2）軸基準はめあい

（3）常用するはめあい

学習の手びき

はめあい方式について理解すること

第4節　寸法の許容限界記入方法

―― 学習のねらい ――

ここでは，つぎのことがらについて学ぶ。

（1）長さ寸法の許容限界の記入方法

（2）組み立てた状態での寸法の許容限界の記入方法

（3）角度寸法の許容限界の記入方法

学習の手びき

許容限界の記入法を理解すること。

第4章の学習のまとめ

この章では，寸法公差とはめあいに関して，つぎのことがらについて学んだ。

（1） 寸法公差
（2） はめあい
（3） はめあい方式
（4） 寸法の許容限界の記入方法

【練習問題の解答】

1. 第1節1．1(1)参照
2. 第1節参照
    −0.041mm
3. 第2節2．1(3)参照
4. 第2節2．1参照

	穴	軸
寸法公差	(0.025mm)	(0.016mm)
最大すきま	(0.050mm)	
最小すきま	(0.009mm)	
はめあいの種類	(すきまばめ)	

5. 第3節前文参照
6. 第4節4．2参照

第5章 面の肌の図示方法

第1節 表面粗さ

―― 学習のねらい ――

ここでは,つぎのことがらについて学ぶ。
(1) 断面曲線と粗さ曲線
(2) 算術平均粗さ (R_a)
(3) 最大高さ (R_y)
(4) 十点平均粗さ (R_z)
(5) 粗さの標準数列とカットオフ値または基準長さの標準値

学習の手びき

面の肌の1つである表面粗さについて理解すること。

第2節 面の肌の図示方法

―― 学習のねらい ――

ここでは,つぎのことがらについて学ぶ。
(1) 対象面,除去加工の要否の指示
(2) 表面粗さの指示方法
(3) 特殊な要求事項の指示方法
(4) 図面記入方法

学習の手びき

面の肌の図示方法を理解すること。

第3節 従来用いられてきた記入方法

学習のねらい

ここでは、つぎのことがらについて学ぶ。
(1) 中心線平均粗さ(R_a75)
(2) 仕上げ記号による方法

学習の手びき

従来用いられてきた記入法を理解すること。

第5章の学習のまとめ

この章では、面の指示に関して、つぎのことがらについて学んだ。

(1) 表面粗さ
(2) 面の肌の図示方法
(3) 従来用いられてきた記入方法

【練習問題の解答】

(1) ○ (第5章第1節参照)
(2) × (第1節1.1参照)　　断面曲線という。
(3) ○ (第1節1.1参照)
(4) ○ (第1節1.3参照)
(5) × (第2節2.1参照)　　面の指示記号の短い方の脚の端に横線を引き、正三角形を描く。
(6) × (第2節2.3(1)参照)　加工記号FLは、ラップ仕上げを表している。
(7) × (第2節2.3(2)参照)　筋目方向の記号Mは、加工による刃物の筋目が多方向に交差または無方向であることを指示している。
(8) ○ (第2節2.4(1)参照)

第6章　幾何公差の図示方法

第1節　平面度・直角度などの図示方法

学習のねらい

ここでは，つぎのことがらについて学ぶ。

(1) 幾何公差の種類と記号

(2) 公差の図示方法

学習の手びき

幾何公差の図示法の概略について理解すること。

第6章の学習のまとめ

この章では，平面度，直角度などの図示方法について学んだ。

【練習問題の解答】

1. 第6章前文参照
2. 第1節1．1表6－16参照
3. 第1節1．2表6－17参照

第7章 溶接記号

第1節 溶接記号

学習のねらい

ここでは,つぎのことがらについて学ぶ。

(1) 溶接記号

(2) 溶接記号の記入方法

学習の手びき

溶接記号とその記入法を理解すること。

第7章の学習のまとめ

この章では,溶接記号とその記入法について学んだ。

【練習問題の解答】

1. 第1節1．1表6－18, 6－19参照
2. 第1節1．2②参照
3. 第1節1．2③参照
4. 第1節1．2表6－20参照

第8章 材料記号

第1節 材料記号

学習のねらい

ここでは，つぎのことがらについて学ぶ。
（1） 鉄鋼材料記号の表し方
（2） 非鉄金属材料記号の表し方

学習の手びき

記号の構成を知り，材料記号の表示を理解すること。

第8章の学習のまとめ

この章では，材料記号の表し方について学んだ。

【練習問題の解答】

1. 第1節1．1参照
    材質，規格または製品名，種類
2. 表6－21，表6－22参照
    （1） クロムモリブデン鋼 （2） 合金工具鋼 （3） ステンレス鋼 （4） ピアノ線 （5） 黄銅棒
3. 第1節1．1参照
    （1） 引張強さ(N/mm^2) （2） 種類の記号 （3） 炭素含有量(0.50%) （4） 1種
4. 第1節1．2表6－22参照

第9章　ねじ・歯車などの略画法

第1節　ねじ製図

学習のねらい

ここでは，つぎのことがらについて学ぶ。
(1)　ねじおよびねじ部品の図示方法
(2)　ねじの表し方

学習の手びき

ねじの図示と表し方について理解すること。

第2節　歯車製図

学習のねらい

ここでは，つぎのことがらについて学ぶ。
(1)　歯車の図示
(2)　簡略図示方法

学習の手びき

歯車製図について理解すること。

第9章の学習のまとめ

この章は，機械要素の製図に関して，つぎのことがらについて学んだ。

（1） ねじ製図
（2） 歯車製図

【練習問題の解答】

1．第1節1．1図6－105参照
2．第1節1．1図6－107参照
3．第1節1．1図6－111，6－112参照
4．第1節1．2参照
5．第2節2．1参照
6．第2節2．2図6－121参照

第7編 電　気

学習の目標

電気は，働くわれわれの生活にとって欠くことのできないものとなってきている。そのため，電気の基礎から応用までを理解することが大切である。

第7編はつぎの各章により構成されている。

　第1章　電気用語
　第2章　電気機械器具の使用方法

本編を勉強するには，第1章の電気用語に記述されている基礎を完全に理解しておかないと，第2章の理解が困難と思われるので，留意すること。

第1章　電気用語

第1節　電　流

学習のねらい

ここでは，電流の意味と電流の単位「アンペア」について学ぶ。

学習の手びき

電流とその単位「アンペア」と，電流の3つの作用の概略を理解すること。

第2節　電　圧

学習のねらい

ここでは，電位と電位差の関係および電圧の単位「ボルト」について学ぶ。

学習の手びき

電圧とその単位「ボルト」の概略を理解すること。

第3節 電　　力

── 学習のねらい ──
ここでは，電力と電力の計算方法について学ぶ。

学習の手びき

電力とは，負荷に電流が流れ，電流が1秒間になす仕事の量，すなわち仕事の割合の電力，電力の単位「ワット(W)」の概略を理解すること。

第4節 電 気 抵 抗

── 学習のねらい ──
ここでは，オームの法則と抵抗の計算方法について学ぶ。

学習の手びき

電圧，電流，抵抗の関係の概略を理解するとともに，抵抗の直列および並列の計算ができるようにすること。

第5節 絶 縁 抵 抗

── 学習のねらい ──
ここでは，絶縁とその性質および測定法について学ぶ。

学習の手びき

絶縁抵抗計（メガー）には，その用途により，100V，250V，500V，1000Vおよび2000Vの各種の電圧のものがあるが，一般に工場や家庭で用いられている電気機械器具には，500Vのものを用いて測定する。

第6節 周　波　数

学習のねらい

　ここでは，周波数について学ぶ。

学習の手びき

周波数の意味の概略を理解し，地域によって電源周波数が違うことを理解すること。

第7節 力　　率

学習のねらい

　ここでは，力率と，負荷の種類によって異なることを学ぶ。

学習の手びき

力率の概略を理解すること。

第1章の学習のまとめ

この章では，電気の基礎に関して，つぎのことがらについて学んだ。
（1）　電流の流れる方向と電荷の移動する方向との関係
（2）　電流の単位の定義
（3）　電位と電位差の関係
（4）　電圧の単位の定義
（5）　電力の計算
（6）　抵抗の計算
（7）　周波数
（8）　絶縁抵抗と絶縁抵抗計
（9）　力率

【練習問題の解答】

1. 回路を流れている電流を求めるには，共通教科書560ページの式（7-1）を用いれば求めることができる。電流の値は，

    $I = \dfrac{Q}{t} = \dfrac{10}{5} = 2$ ［A］

    となり，回路を流れる電流は2Aである。

    また，回路に加わっている電圧は，共通教科書560ページに述べてあるように，1Cの電荷が2点間を移動してなされた仕事が1Jであれば，その2点間の電圧を1Vとしている。

    したがって，

    $V =$ CJ $= 10 \times 5 = 50$ ［V］

    となり，この回路の端子間の電圧は50Vである。

2. 電力を求めるには，$P=VI$を用い，まず電力Pを求めると，

    $P = VI = 200 \times 10 = 2000$ ［W］$= 2$ ［kW］

    となり，電力は2kWである。

    つぎに，この電熱器の抵抗Rは，

    $P = I^2R$の式を用いて，

    $R = \dfrac{P}{I^2} = \dfrac{2000}{10^2} = \dfrac{2000}{100} = 20$ ［Ω］

    となり，電熱器の抵抗は20Ωと求めることができる。

3. 電力量は，次式で求める。

    電力量 $= \{60 \times 5 + 600\} \times 5 = 900 \times 5 = 4500$ ［W・h］ $= 4.5$ ［kW・h］

    と求めることができる。

4．まず，この回路に流れる電流Iを$I=\dfrac{V}{R}$により求める。

$I=\dfrac{V}{R}=\dfrac{40}{20}=2$ [A]

となる。

つぎに，この回路に加えられた電圧Vを求めるには，式（7－6）を用いて，

$V_1=IR_1=2\times20=40$ [V]

$V_2=IR_2=2\times30=60$ [V]

$V_3=IR_3=2\times50=100$ [V]

$V=V_1+V_2+V_3=40+60+100=200$ [V]

となり，この回路に加えられた電圧は200Vである。

また，別な解きかたとしては，合成抵抗Rを求め，これに回路に流れる電流Iを乗じてもよい。合成抵抗Rを求めるには，式（7－8）を用い，

$R=R_1+R_2+R_3=20+30+50=100$ [Ω]

$V=IR=2\times100=200$ [V]

と求めることができる。

5．第5節参照

　絶縁物の絶縁抵抗が低くなると，漏れ電流が増し，火災，感電などの危険がある。

6．教科書の交流の図を用いて求めると，実効値100V正弦波交流の最大値は，

$V_m=\sqrt{2}V=1.41\times100=141$ [V]

となる。

また，最大値282Vの正弦波交流の実効値は，

$V=\dfrac{V_m}{\sqrt{2}}=\dfrac{282}{1.41}=200$ [V]

と求めることができる。

第2章　電気機械器具の使用方法

第1節　開閉器の取付けおよび取扱い

---- 学習のねらい ----

　ここでは，開閉器の種類と，用途およびその取扱いについて学ぶ。

学習の手びき

各種の開閉器の取扱いの概略を理解すること。

第2節　ヒューズの性質および取扱い

---- 学習のねらい ----

　ここでは，ヒューズの種類と，その取扱いを学ぶ。

学習の手びき

　ヒューズは，その用途にしたがい，それらの用途に合った特性のものが作られていることを理解すること。

第3節　電線の種類および用途

---- 学習のねらい ----

　ここでは，電線の種類と用途について学ぶ。

学習の手びき

　電線を使用する場合には，それぞれの用途にあった電線を選び使用しなければならず，また電線には許容電流があることを理解すること。

第4節　交流電動機の回転数，極数および周波数の関係

学習のねらい

ここでは，誘導電動機の周波数と回転数との関係を学ぶ。

学習の手びき

工場で用いられている電動機は，ほとんどのものが三相誘導電動機である。この取り扱い方の概略を理解すること。

第5節　電動機の始動方法

学習のねらい

ここでは，つぎのことがらについて学ぶ。
（1）三相誘導電動機を始動するにあたって注意すべき点
（2）三相誘導電動機の始動器の操作

学習の手びき

三相誘導電動機を始動するには，その誘導電動機の容量，種類および負荷の種類により始動法が異なるので，それらに適した始動器を用いなければならないことを理解すること。

第6節　電動機の回転方向の変換方法

学習のねらい

ここでは，三相誘導電動機の回転方向を変換する方法について学ぶ。

学習の手びき

三相誘導電動機の回転方向を変えるには,三相電源からの導線のうち任意の2本の接続を取り替えれば回転磁界すなわち誘導電動機の回転方向を変えることができることを理解すること。

第7節　電動機に生じやすい故障の種類

学習のねらい

ここでは,電動機に生じやすい故障について理解し,簡単な保守方法について学ぶ。

学習の手びき

実際に工場などでもっとも起こりやすい故障は,過負荷による始動不能および困難である。

これらは作業者の注意により防止することができる。スイッチを入れたとき,電動機がうなり始動しない場合の原因は,ほとんどが上記の原因によるものである。

第8節　電気制御装置の基本回路

学習のねらい

ここでは,電気制御回路の接続図と動作順序について学ぶ。

学習の手びき

電気制御に用いられている制御で,シーケンス制御は,工場,ビルはもとより,いろいろな機構,装置の運転の自動化に用いられ,安全性の向上,運転操作の簡易化,確実さとから総合的な集中制御,機械装置の複合化とあいまって,着実に発展している。

これら各種の装置に対して複雑な制御回路が用いられ,これら装置の制御方式や動作順序をわかりやすく示すためにシーケンス図が用いられている。

このシーケンス図は通常の接続図とは相当異なっているので,これらのシーケンス図を読む上に必要なシンボル,動作順序などの基本を身に着けることが大切である。

第2章の学習のまとめ

この章では,電気機械器具に関して,つぎのことがらについて学んだ。

(1) 開閉機の種類とそれぞれの用途
(2) ヒューズの種類とその用途
(3) 電線の種類とその用途
(4) 電線の名称とそれらの構造
(5) 同期速度とすべりの関係
(6) 三相誘導電動機を始動するにあたり,注意すべき事項
(7) 三相誘導電動機の回転方向の変換
(8) 電動機の始動に際し,留意すべき点
(9) 電動機が始動しない場合の点検箇所

【練習問題の解答】

1. 第1節1.2,1.3参照
2. 第1節1.4参照
3. 第1節1.5参照
4. 第2節2.2参照
5. 教科書の式(7-14)を用いて求めると,
$$N_0 = \frac{120f}{P} = \frac{120 \times 50}{4} = 1500 \text{ [rpm]}$$
となるが,実際の誘導電動機では滑りがあるため,この回転数よりも遅くなる。
6. 第5節参照
7. 第6節参照
8. 第8節参照

第8編　安　全　衛　生

学習の目標

　人は誰でも，健康で明るい職場生活を送りたいと考えている。よりよい生活を求めている職場において，不幸な目に遭うことは避けなければならない。

　職場における安全衛生は，生産性を向上させることと切っても切れない関係にあり，災害防止なくては健全な事業の発展は得られないものである。

　ここでは，仕上げ科に関連する労働災害の防止について，基本となることを学ぶ。したがって，これらをよく理解しないと誤った判断，誤った行動を起こす要因が生まれ，労働災害が発生する。正しい知識，正しい行動ができるようによく学んでほしい。

　第8編はつぎの各章より構成されている。

　　第1章　労働災害のしくみと災害防止
　　第2章　機械・設備の安全化と職場環境の快適化
　　第3章　機械・設備
　　第4章　手 工 具
　　第5章　電　　　気
　　第6章　墜落災害の防止
　　第7章　運　　　搬
　　第8章　原　材　料
　　第9章　安全装置・有害物制御装置
　　第10章　作 業 手 順
　　第11章　作業開始前の点検
　　第12章　業務上疾病の原因とその予防
　　第13章　整理整とん，清潔の保持
　　第14章　事故等における応急措置および退避
　　第15章　労働安全衛生法とその関係法令

第1章　労働災害のしくみと災害防止

第1節　安全衛生の意義

学習のねらい

ここではつぎのことがらについて学ぶ。
(1) 安全衛生の意義
(2) 社会と安全衛生
(3) 生活と安全衛生
(4) 生産と安全衛生

学習の手びき

生産活動と安全衛生，社会活動と安全衛生のかかわりについて十分理解すること。

第2節　労働災害発生のメカニズム

学習のねらい

ここではつぎのことがらについて学ぶ。
(1) 労働災害発生の仕組み
(2) 労働災害の発生原因
(3) 労働災害防止対策
(4) 労働災害防止のポイント

学習の手びき

労働災害の発生メカニズムについて理解するとともに，それを防止するための対策の基本的な考え方およびそのポイントについて十分理解すること。

第3節　健康な職場づくり

学習のねらい

ここでは，健康づくりについて学ぶ。

学習の手びき
健康づくりの必要性について十分理解すること。

第1章の学習のまとめ
この章では，労働災害の発生とその防止対策に関して，つぎのことがらについて学んだ。

（1）　安全衛生の意義
（2）　労働災害発生のメカニズム
（3）　健康な職場づくり

【練習問題の解答】
（1）　×（第2節2．2参照）　　不安全な行動は，それが不安全な行動であるということを知らなくてその行動をする場合と，知っていて故意に不安全な行動をする場合とがある。
（2）　○（第2節2．4参照）

第2章　機械・設備の安全化と職場環境の快適化

第1節　安全化・快適化の基本

学習のねらい

ここでは，機械・設備の安全化，快適な職場環境の形成について学ぶ。

学習の手びき

機械・設備の安全化や快適な職場環境の形成について，その必要性およびその達成についてのサイクルに関し十分理解すること。

第2節　機械・設備の安全化

学習のねらい

ここでは，機械・設備の安全化に関する要点について学ぶ。

学習の手びき

機械・設備の安全化とは，基本的には安全措置や保護具，手工具を必要としないものであることを十分理解すること。

第3節　作業環境の快適化

学習のねらい

ここでは，快適な職場環境の形成に必要な要点について学ぶ。

学習の手びき

快適な職場環境を形成するための方法等について十分理解すること。

第4節　定期の点検

> **学習のねらい**
>
> 　ここでは，機械・設備や作業環境に対する定期の点検の目的と留意点について学ぶ。

学習の手びき

　機械・設備や作業環境に対する定期の点検について，その必要性および留意事項について十分理解すること。

第2章の学習のまとめ

　この章では，機械・設備の安全化と職場環境の快適化に関して，つぎのことがらについて学んだ。

（1）　安全化・快適化の基本
（2）　機械・設備の安全化
（3）　作業環境の快適化
（4）　定期の点検

【練習問題の解答】

（1）×（第4節参照）　定期の点検は，単に機械・設備や作業環境が異常であるかどうかを発見するだけではなく，それらを修理，改善することにより常により良い状況を保っておくことが，点検の本来の目的である。

（2）×（第4節参照）　定期点検は，定められた期間ごとに，機械・設備によって，それらを取り扱っている作業者自身が行ったり，一定の資格者のうちから選任される作業主任者が行ったり，また，点検のための特別な資格を有する者が行う。これらの機械設備のうち，点検に関する資格者が行う定期点検を定期自主検査といい，関係法令に規定されている。

第3章　機械・設備

第1節　作業点の安全対策

--- 学習のねらい ---

ここでは，作業点における安全を確保するため，機械設備の面および操作面から留意する必要があることについて学ぶ。

学習の手びき

作業点とは直接加工等の仕事をする部分のことをいう。

この作業点における安全対策の具体的な事項について十分理解すること。

第2節　動力伝導装置の安全対策

--- 学習のねらい ---

ここでは，動力伝導装置に対する安全対策について学ぶ。

学習の手びき

動力伝導装置に対する安全対策の具体的な事項について十分理解すること。

第3節　工作機械作業の安全対策

--- 学習のねらい ---

ここでは，工作機械を使用した作業における安全対策について学ぶ。

学習の手びき

工作機械使用時における安全対策の具体的な事項について十分理解すること。

第3章の学習のまとめ

この章では，機械・設備使用時の安全対策に関して，つぎのことがらについて学んだ。

(1) 作業点の安全対策
(2) 動力伝導装置の安全対策
(3) 工作機械作業の安全対策

【練習問題の解答】

(1) ×（第1節参照）　機械の刃部の掃除，検査，修理などの作業を行う場合には，機械の運転を停止して行う。

(2) ×（第2節①参照）　踏切橋の手すりの高さは，90cm以上必要である。

(3) ○（第3節④参照）

(4) ×（第3節⑥参照）　側面を使用することを目的としたといし以外のといしによる側面の使用は禁止されている。

第4章　手　工　具

第1節　手工具の管理

学習のねらい

ここでは，つぎのことがらについて学ぶ。
(1) 手工具の管理・保管
(2) 使用中の管理

学習の手びき

手工具による労働災害の発生を防止するため，手工具の管理について十分理解すること。

第2節　手工具類の運搬

学習のねらい

ここでは，手工具類の運搬時における安全対策について学ぶ。

学習の手びき

手工具類の運搬時における安全対策の具体的な留意点について十分理解すること。

第4章の学習のまとめ

この章では，手工具の安全衛生に関して，つぎのことがらについて学んだ。

(1) 手工具の管理
(2) 手工具類の運搬

【練習問題の解答】

(1) ×（第1節1．2参照）　　工具室等から持ってきた工具であっても，使用前に欠陥がないかどうか必ず点検をしてから使用する。

(2) ×（第1節1．2参照）　　手工具を使用中機械等の上に放置しておくと，機械の振動等により思わぬ災害が起こることがある。また，ちょっとの間だからといって作業台の上に放置しておくと工具を傷めたり，必要なときに間に合わなくなることがる。

(3) ×（第2節②参照）　　先のとがった工具類は，工具箱，工具袋，工具バンド等にいれて運搬する。まちがってもポケットなどに入れて持ち運びしない。

第5章 電　気

第1節　感電の危険性

学習のねらい

ここでは，つぎのことがらについて学ぶ。
（1）　人体に流れた電流値
（2）　人体に電流が流れたとき
（3）　人体の通電経路

学習の手びき

　感電の危険性は，人体に流れた電流の大きさ，通電経路により異なること，また2次災害について十分理解すること。

第2節　感電災害の防止対策

学習のねらい

ここでは，つぎのことがらについて学ぶ。
（1）　電気設備面の安全対策
（2）　電気作業面の安全対策
（3）　その他

学習の手びき

　感電災害を防止するための設備面および作業面における具体的な対策について十分理解すること。

第5章の学習のまとめ

この章では，感電災害の防止に関して，つぎのことがらについて学んだ。

（1） 感電の危険性
（2） 感電災害の防止対策

【練習問題の解答】

1．×（第2節2．1⑤参照）　対地電圧150Vをこえる移動式もしくは可搬式電動機械器具には，適正な感電防止用漏電遮断装置を接続するとともに，接地を行う。

第6章　墜落災害の防止

第1節　高所作業での墜落の防止

> **学習のねらい**
>
> ここでは，高所作業における安全対策について学ぶ。

学習の手びき

高所作業における墜落防止措置の具体的な事項について十分理解すること。

第2節　開口部からの墜落の防止

> **学習のねらい**
>
> ここでは，開口部に近接した作業における安全対策について学ぶ。

学習の手びき

開口部に近接した作業時における墜落防止措置の具体的な事項について十分理解すること。

第3節　低位置からの墜落の防止

> **学習のねらい**
>
> ここでは，高さが低いところでの作業における安全対策について学ぶ。

学習の手びき

高さが低いところでの作業時における墜落防止措置の具体的な事項について十分理解すること。

第6章の学習のまとめ

この章では，作業場所からの墜落災害の防止措置に関して，つぎのことがらについて学んだ。

（1） 高所作業での墜落の防止
（2） 開口部からの墜落の防止
（3） 低位置からの墜落の防止

【練習問題の解答】

（1） ○ （第1節⑦参照）
（2） × （第3節参照）　高さ1mのところからの墜落であっても，死亡した事例がある。

第7章 運　　搬

第1節　人力，道具を用いた運搬作業

> **学習のねらい**
>
> ここでは，つぎのことがらについて学ぶ。
> (1) 人力による物の持ち上げ方
> (2) 人力による荷役運搬作業
> (3) 人力運搬車等による荷役運搬作業

学習の手びき

人力や人力運搬車による荷役運搬機械における具体的な労働災害防止対策について十分理解すること。

第2節　機械による運搬作業

> **学習のねらい**
>
> ここでは，つぎのことがらについて学ぶ。
> (1) クレーン等による運搬
> (2) 玉掛け用具
> (3) フォークリフトによる荷の運搬
> (4) コンベヤによる運搬
> (5) 構内運搬車による運搬

学習の手びき

各種運搬機械による運搬作業時における具体的な労働災害防止対策および使用する玉掛け用具についての安全について十分理解すること。

第7章の学習のまとめ

この章では，運搬作業における災害防止対策に関して，つぎのことがらについて学んだ。

（1） 人力，道具を用いた運搬作業
（2） 機械による運搬作業

【練習問題の解答】

（1） ×（第1節1．1②参照）　品物を持ち上げるときの姿勢は，腰を十分に落として，背筋をできるだけまっすぐに伸ばし，手を品物に十分深くかける。

（2） ×（第1節1．2③参照）　長尺物を1人で肩にかついで運搬するときは，前方の端を身長よりやや高めにする。

（3） ×（第2節2．2(1)①参照）　ワイヤロープの安全係数は6である。

（4） ○（第2節2．2(1)③参照）

第8章 原材料

第1節 危険物

---学習のねらい---

ここでは,つぎのことがらについて学ぶ。
(1) 危険物とは
(2) 爆発・火災災害の防止
(3) 避難対策

学習の手びき

取り扱う原材料の持つ危険性について理解するとともに,爆発・火災災害の防止および避難について十分理解すること。

第2節 有害物

---学習のねらい---

ここでは,使用する原材料の有害性について学ぶ。

学習の手びき

取り扱う原材料の有害性とその暴露による健康障害の防止について十分理解すること。

第8章の学習のまとめ

この章では,取り扱う原材料による災害防止対策に関して,つぎのことがらについて学んだ。

(1) 危険物に対する労働災害の防止
(2) 有害物による健康障害の防止

【練習問題の解答】

(1) ×(第1節1.2①参照)　引火性の物の取扱いは,原則として引火点以下の温度で行わなければならない。

(2) ×(第1節1.3参照)　避難口や避難用通路は,避難の際に障害となるような物を置かないようにするなど,安全に避難できるよう常に確保しておく。

第9章 安全装置・有害物制御装置

第1節 安全装置・有害物制御装置

―― 学習のねらい ――
ここでは，安全装置・有害物制御装置について学ぶ。

学習の手びき

安全装置・有害物制御装置による労働災害の防止について十分理解すること。

第2節 安全装置・有害物制御装置の留意事項

―― 学習のねらい ――
ここでは，安全装置・有害物制御装置の持つ目的について学ぶ。

学習の手びき

安全装置・有害物制御装置を設置した目的について十分理解すること。

第9章の学習のまとめ

この章では，安全装置・有害物制御装置に関して，つぎのことがらについて学んだ。
（1） 安全装置・有害物制御装置
（2） 安全装置・有害物制御装置の留意事項

【練習問題の解答】

(1) ×（第1節参照）　有害ガス，蒸気，粉じんが発散する作業場では，それらの有害物を作業場所から外へ排出するため，除じん装置等がついた局所排気装置や廃液処理装置等の有害物制御装置を用いて有害物を除去したり制御するなどする。

(2) ×（第2節②参照）　修理などのため，これらの装置を一時停止させようとする場合には，必ず事前に責任者の承諾を得ておく。

第10章　作　業　手　順

第1節　作業手順の作成の意義と必要性

学習のねらい

ここでは，作業手順の作成の意義と必要性について学ぶ。

学習の手びき

作業手順の作成の意義と必要性について十分理解すること。

第2節　作業手順の定め方

学習のねらい

ここでは，つぎのことがらについて学ぶ。
（1）　作業手順の作成順序
（2）　作業の分析

学習の手びき

作業手順を作成する場合の作業分析とそれを利用する作成順序について十分理解すること。

第10章の学習のまとめ

この章では，作業手順に関して，つぎのことがらについて学んだ。
（1）　作業手順の作成の意義と必要性
（2）　作業手順の定め方

【練習問題の解答】

（1）　○（第10章前文参照）

第11章　作業開始前の点検

第1節　安全点検一般

― 学習のねらい ―
　ここでは，安全点検について学ぶ。

学習の手びき

安全点検の一般的事項について十分理解すること。

第2節　法定点検

― 学習のねらい ―
　ここでは，法定点検について学ぶ。

学習の手びき

法定点検について十分理解すること。

第11章の学習のまとめ

この章では，作業開始前の点検に関して，つぎのことがらについて学んだ。

（1）　安全点検一般
（2）　法定点検

【練習問題の解答】

（1）　○（第2節参照）

第12章　業務上疾病の原因とその予防

第1節　有　害　光　線

---　学習のねらい　---

　ここでは，有害光線による職業性疾病の発生原因とその防止対策について学ぶ。

学習の手びき

有害光線による職業性疾病の発生原因とその防止対策について十分理解すること。

第2節　騒　　　音

---　学習のねらい　---

　ここでは，騒音による職業性疾病の発生原因とその防止対策について学ぶ。

学習の手びき

騒音による職業性疾病の発生原因とその防止対策について十分理解すること。

第3節　振　　　動

---　学習のねらい　---

　ここでは，振動によ職業性疾病の発生原因とその防止対策について学ぶ。

学習の手びき

振動による職業性疾病の発生原因とその防止対策について十分理解すること。

第4節　有害ガス・蒸気

> **学習のねらい**
>
> ここでは，有害ガス・蒸気による職業性疾病の発生原因とその防止対策について学ぶ。

学習の手びき

有害ガス・蒸気による職業性疾病の発生原因とその防止対策について十分理解すること。

第5節　粉　じ　ん

> **学習のねらい**
>
> ここでは，粉じんによる職業性疾病の発生原因とその防止対策について学ぶ。

学習の手びき

粉じんによる職業性疾病の発生原因とその防止対策について十分理解すること。

第12章の学習のまとめ

この章では，職業性疾病の発生原因とその防止対策に関して，つぎのことがらについて学んだ。

(1)　有害光線
(2)　騒音
(3)　振動
(4)　有害ガス・蒸気
(5)　粉じん

【練習問題の解答】

(1) ×（第11章前文参照）　業務上疾病とは，仕事に起因して発生する健康障害をいい，業務上疾病には，職業性疾病のほかに業務上の負傷に起因する疾病（負傷の後遺症，続発症）などがある。

(2) ×（第11章前文参照）　職業性疾病の予防対策を十分に行うことができない場合には適正な保護具の使用などを行う必要がある。

(3) ×（第2節参照）　騒音性難聴は医学的な治療による回復は期待できない。

(4) ○（第3節参照）

(5) ×（第5節参照）　アーク溶接作業による発生するヒューム（酸化鉄粉じん）など微細な粉じんが肺の奥まで入り込み沈着し，じん肺症になる。

第13章　整理整とん，清潔の保持

第1節　整理整とんの目的

学習のねらい

　ここでは，整理整とんの目的について学ぶ。

学習の手びき

整理整とんの目的について十分理解すること。

第2節　整理整とんの要領

学習のねらい

　ここでは，整理整とんの要領について学ぶ。

学習の手びき

整理整とんの要領について十分理解すること。

第3節　清潔の保持

学習のねらい

　ここでは，清潔の保持について学ぶ。

学習の手びき

清潔の保持について十分理解すること。

第13章の学習のまとめ

この章では,整理整とんと清潔の保持に関して,つぎのことがらについて学んだ。

（1） 整理整とんの目的
（2） 整理整とんの要領
（3） 清潔の保持

【練習問題の解答】

（1） ×（第2節③参照）　通路や作業床は常に清掃し,清潔に保つとともに,物を置かない。

第14章　事故等における応急措置および退避

第1節　一般的な措置

───　学習のねらい　───
ここでは，つぎのことがらについて学ぶ。
（1）異常事態に対する対策
（2）異常事態の発見時の措置

学習の手びき
異常事態の発生時の対策の仕方について十分理解すること。

第2節　退　　避

───　学習のねらい　───
ここでは，事故時における退避について学ぶ。

学習の手びき
事故時における退避について十分理解すること。

第14章の学習のまとめ
この章では，異常事態における応急措置，および退避に関して，つぎのことがらについて学んだ。
（1）一般的な措置
（2）退避

【練習問題の解答】
（1）○（第2節参照）

第15章 労働安全衛生法とその関係法令

学習の目標

ここでは,労働者が安全で健康な職場において作業ができるように,種々の規制をしているが,仕上げ作業に関する法規にはどのようなものがあるか,またその内容はどのようなものであるかをよく学んでほしい。なお,安全衛生法規は大部分が事業者の責任になっているが,労働者も遵守しなければいけない規定もあることをよく学んでほしい。

第1節 総 則

学習のねらい

ここでは,つぎのことがらについて学ぶ。
(1) 労働安全衛生に関する法規およびその名称
(2) 労働安全衛生法の目的

学習の手びき

ここでは,仕上げ作業に関係する労働安全衛生関係法規について,その目的を理解するとともに,内容について十分理解すること。

第2節 作業主任者

学習のねらい

ここでは,つぎのことがらについて学ぶ。
(1) 作業主任者
(2) 作業主任者を選任すべき業務

学習の手びき

ここでは,労働安全衛生法の目的を達成するために,責任者としての作業主任者の選任と選任すべき業務について十分理解すること。

第3節　労働災害を防止するための措置

学習のねらい

ここでは，つぎのことがらについて学ぶ。

(1) 事業者の講ずべき措置等
(2) 譲渡の制限
(3) 定期自主検査

学習の手びき

事業者の講ずべき事項のうち基本的事項について十分理解すること。

第4節　労働災害を防止するための労働者の責務

学習のねらい

ここでは，つぎのことがらについて学ぶ。

(1) 労働者の責務
(2) 労働安全衛生規則に基づき労働者が守るべき措置
(3) 衛生関係特別規則に基づき労働者が守るべき措置

学習の手びき

労働安全衛生関係法規で定めている労働者が守るべき措置のうち基本的事項について十分理解すること。

第5節　安全衛生教育

---　学習のねらい　---

ここでは，つぎのことがらについて学ぶ。
（1）雇入れ時の教育
（2）作業内容変更時の教育
（3）特別教育

学習の手びき

労働者に対する安全衛生教育について十分理解すること。

第6節　就　業　制　限

---　学習のねらい　---

ここでは，つぎのことがらについて学ぶ。
（1）免許の必要な業務
（2）技能講習修了の必要な業務

学習の手びき

危険有害業務に対して必要な資格について十分理解すること。

第7節　健　康　管　理

> **学習のねらい**
>
> ここでは，つぎのことがらについて学ぶ。
> (1)　健康診断
> (2)　作業環境の測定

学習の手びき

健康管理に対して行うべき必要事項について十分理解すること。

第8節　労働基準法

> **学習のねらい**
>
> ここでは，つぎのことがらについて学ぶ。
> (1)　満18歳に満たない者に対する就業制限
> (2)　妊産婦および産後1年を経過しない女子に対する就業制限

学習の手びき

年少者および妊産婦等特別な者に対する就業制限について十分理解すること。

第15章の学習のまとめ

この章では，安全衛生法およびその他の関係法令に関して，つぎのことがらについて学んだ。

(1) 総則
(2) 作業主任者の選任
(3) 労働災害を防止するための措置
(4) 労働災害を防止するための労働者の責務
(5) 安全衛生教育の実施対象と実施時間
(6) 就業制限の業務
(7) 健康管理
(8) 労働基準法に定める就業制限

【練習問題の解答】

(1) ○（第4節4．2(1)参照）
(2) ×（第5節5．3①参照） 研削といしの取替えの業務は，特別教育を修了したものでなければ行えない。
(3) ×（第6節6．2⑤参照） つり上げ荷重が1トン以上の移動式クレーンの玉掛けの業務は，技能講習を修了した者でなければ，その業務に就くことはできない。
(4) ×（第6節6．2⑥参照） つり上げ荷重が1トン以上5トン未満の移動式クレーン（「小型移動式クレーン」という。）の運転（道路交通法に規定する道路上を走行させる運転を除く。）の業務は，技能講習を修了した者でなければ，その業務に就くことはできない。
(5) ○（第8節8．2参照）

［選択・治工具仕上げ法］

指導書

［選択］治工具仕上げ法

学習の目標

本編は，治工具を設計・製作する技能者にとって最も重要な課題について学ぶものである。

技術革新の進展の著しい今日，高性能の工作機械を用いて高精度の機械部品などを機械加工する場合，工作機械や切削器具とともにジグ，取付け具について熟知していなければならない。

このような主旨により，この編ではつぎのことについて学ぶ。

（1） 治工具の種類，構造および用途
（2） 測定機器の種類および用途
（3） 治工具の製作方法
（4） ジグの組立て，調整および保守

第1章　治工具の種類，構造および用途

第1節　ジグの使用目的と計画

学習のねらい

ここでは，つぎのことがらについて学ぶ。
（1） ジグの使用目的
（2） ジグの使用理由
（3） ジグの分類のしかた
（4） ジグを計画するチェックポイント
（5） ジグを計画するための工作物のチェックポイント
（6） ジグを計画するための工作法および作業法の分析

学習の手びき

治工具の種類，構造および用途について十分理解すること。

第2節　各種ジグの形式と構造および材質

> **学習のねらい**
>
> ここでは，つぎのことがらについて学ぶ。
> (1) ジグの形式
> (2) 穴あけジグについて形式および基本的な構造
> (3) 各種要素（位置決め，受けなど）に対する注意点と基本
> (4) 各種要素における機構とその得失と実際への適用

学習の手びき

各種ジグの形式，位置決め法，締付け法について十分理解すること。

第3節　ジグ材料および工具材料とジグ部品

> **学習のねらい**
>
> ここでは，つぎのことがらについて学ぶ。
> (1) ジグに使用される材料
> (2) 基準ピンなどの各種ジグ部品に必要な強度，耐久性，耐摩耗性および材料の性質
> (3) 各種の性質を持つ材料の得失など
> (4) 各種材料の使い方

学習の手びき

ジグ材料，工具材料の種類および各種材料ジグ部品の使い方について十分理解すること。

《参考》

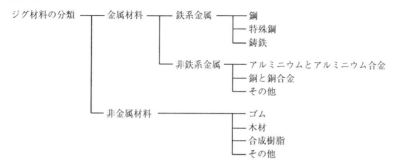

ジグ材料は以上に分類した種々の材料により使用目的に適した材料を機能, 経済性, 納期などを考慮し, 最善の材料を選定するようにしたい。価格, 納期および材料の形状はときどき鋼材問屋, 素材メーカなどより情報を仕入れ, 有効に活用するようにしたい。

［鉄 鋼 記 号］

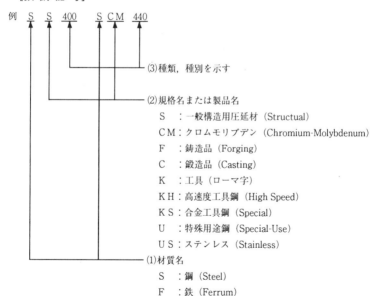

第4節　ジグ設計製作上の注意

学習のねらい

ここでは，つぎのことがらについて学ぶ。
(1) 実際のジグを使用するときの段取りのやり方
(2) 実際のジグの各種機構とその特徴，注意点
(3) 直接工作にはかかわらないが，作業性に重要な影響を与えるジグの段取り，切りくず処理などの注意点
(4) ジグ設計製作上の注意点

学習の手びき
ジグ設計製作を行うために必要となる注意点について十分理解すること。

第1章の学習のまとめ
この章では，治工具の種類，構造，用途などに関して，つぎのことがらについて学んだ。
(1) ジグは，品質維持と生産費の低減を目的として製作される補助工具の一種である。
(2) ジグは，作業の種類，製作費および工作物の種類と精度などにより，各種の形式が考案されている。
(3) 上記の理由によりジグの機構は多岐にわたり，その機構もそれぞれの性質に応じ使い分けられる。
(4) ジグの設計，製作はいろいろな要素を考慮し，最善となるようにする。

【練習問題の解答】
1. (1) ×（第1節1.2参照）　ジグは生産費を低減するためのものであるからいくらかけてもよいということにはならない。
   (2) ×（第2節2.3参照）　適当な位置では製品がひずむおそれがあり，また強力に締め付けて品物がこわれては何もならないため適正な締付け力が要求される。

2．第2節参照
 ① 品質の安定性（ジグ，製品）
 ② 安価（機能に適して）
 ③ 作業しやすい。
 ④ 機構が単純で補修しやすい。
 ⑤ 安全に作業できる。

第2章　測定機器の種類および用途

第1節　投　影　機

学習のねらい

　ここでは，投影機の構造，投影機を構成している各部分の機能および投影機による実際の測定について学ぶ。

学習の手びき
（1）　投影機はどのような構造になっているのか。
（2）　投影機を構成している各部分の機能はどうか。
（3）　投影機による測定においての留意点
（4）　断面形状の測定
以上のことがらについて十分理解すること。

《参考》
（1）　投影機の照明光学系

　教科書1．2で述べたように，投影機にはテレセントリック光学系が利用されている。このために照明光学系側にテレセントリック絞りを内蔵し，主光線が光軸に平行になるような光束を用いて照明を行っている。

　一方，投影面を可能な限り明るくするために，輝度が高く発光面積の小さい電球をコンデンサレンズの焦点距離に置いて，テレセントリック絞りを省略することもある。

　投影レンズの倍率変更により物体視野の大きさも変化する。このときの照明を効率よく行うためには，コンデンサレンズの合成焦点距離を短くして狭い部分に照明光を集中する必要がある。このために，コンデンサレンズの交換，倍率の異なるガリレオ望遠鏡系の付加，ズーム方式による焦点距離の変更などが行われる。

　以上の投影機の照明光学系の事例を図2－1に示す。

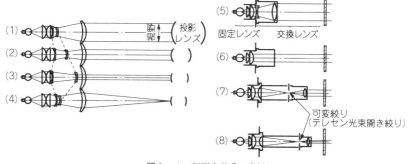

図2-1 照明光学系の事例

第2節　測定顕微鏡

― 学習のねらい ―

　ここでは，工具顕微鏡の構造，工具顕微鏡を構成している各部分の機能，工具顕微鏡による実際の測定および測定誤差の原因などについて学ぶ。

学習の手びき

(1) 工具顕微鏡はどのような構造になっているのか。
(2) 工具顕微鏡を構成している各部分の機能はどうか。
(3) 工具顕微鏡による測定においての注意事項
(4) 長さ，内径，穴の中心距離，ねじなどの測定
(5) 測定誤差の原因

以上のことがらについて十分理解すること。

《参考》

(1) 測微顕微鏡における目盛りの読取り

　測微顕微鏡における標準尺の目盛りの読み取りは，測定者の目視によって行われることが多い。しかしながら，人間の目による目盛りの読み取りでは，測定の正確さと能率の点で満足されないことがある。光電素子による目盛りの自動読み取りが必要になることがある。

そこで，振動形光電顕微鏡が利用されることとなるが，この顕微鏡については，共通指導書第1編第5章工作測定の方法第2節を参照してもらいたい。

第3節　三次元測定機

―― 学習のねらい ――
ここでは，三次元測定機による測定プローブの概要，測定データ処理および測定精度の概要について学ぶ。

学習の手びき
（1）　測定精度の試験方法
（2）　運動精度の試験方法
以上の三次元測定機の精度試験方法について十分理解すること。

第4節　ゲージ

―― 学習のねらい ――
ここでは，ゲージの種類および用途の概要について学ぶ。

学習の手びき
限界ゲージ，ねじゲージおよびテーパゲージの特性，使用法などのことがらについて十分理解すること。

第2章の学習のまとめ
この章では，測定機器に関して，つぎのことがらについて学んだ。
（1）　投影機は，投影レンズを用いて被測定物の拡大像をスクリーン上に結像させ，それを観測することで被測定物の寸法，形状を測定する測定機である。
（2）　工具顕微鏡は，もっとも多く利用されている光学測定機であり，被測定物の位置，長さ，角度，輪郭，形状を測定する測定機である。

（3） 三次元測定機は，被測定物のX，Y，Zの3軸について測定する精密測定機である。

（4） ゲージは，測定値は得られないが，被測定物の機能の良否を判定できる。

【練習問題の解答】

1．第1節1．1参照
　（1）光軸垂直形：被測定物の取り扱い，スクリーン上での投影像の観察が容易であり，プレス部品，プリント基板などの板状部品の測定に適する。
　（2）光軸水平形：載物台が大形，堅ろう（牢）にでき，重量物の測定が可能。また，載物台を水平面内で旋回させる構造にでき，ねじ，ホブなどのリード角をもっている被測定物も測定できる。
　（3）デスク形：スクリーン状でのチャートによる投影像の観察が便利であるが，載物台の操作，被測定物の取り扱いなどはやや不便である。
　（4）リレーレンズ形：大形の被測定物をチャートによって測定するのに適している。

2．第2節2．3参照
　円筒外周における照明光の表面反射や干渉などが原因となって，測定誤差が発生する。被測定物の形状に応じて最適絞り径を設定しなければならない。

3．第3節3．1参照
　（1）フローティング形（手動形）
　（2）ジョイスティック形（モータドライブ形）
　（3）CNC形（コンピュータ数値制御形）

4．第4節4．1参照
　ゲージは機械部品の寸法，公差を検査するために使用されるが，検査する品物と機械的にはめあわせることによって，機能的にその品物の良品，不良品の判定ができるところに特徴がある。

第3章　治工具の製作方法

第1節　工作機械の用途

学習のねらい

ここでは，ジグ中ぐり盤，ジグ研削盤，ならい研削盤，ならいフライス盤および放電加工機について，つぎのことがらについて学ぶ。

(1) ジグ中ぐり盤
   ① 構造および各部の機能　② 親ねじ式と光学式との比較　③ 利用方法
(2) ジグ研削盤
   ① 構造および各部の機能　② 内面研削盤とジグ研削盤との比較
   ③ 利用方法
(3) ならい研削盤
   ① 種類　② テンプレートの利点と欠点　③ 原図の作成方法
(4) ならいフライス盤
   ① 種類と特徴　② ならい動作の種類とトレーサヘッドの動きの関係
   ③ 型彫り作業，輪郭切削作業
(5) 放電加工機
   ① 原理　② 電源と機械装置　③ 実際の加工　④ 種類
   ⑤ ワイヤカット放電加工機

学習の手びき

ジグ中ぐり盤，ジグ研削盤，ならい研削盤，ならいフライス盤および放電加工機の工作機械の機能，利用方法などについて十分理解すること。

第2節　治工具の製作方法

学習のねらい

ここでは，今まで学んできた仕上げ法に加えて，治工具を製作するために必要な工具の製作方法について，つぎのことがらについて学ぶ。
（1）作業の段取りと準備（作業の能率と安全性，経済性を考えること。）
（2）工具の応用と正しい使用方法（工具の使用目的を認識し最適条件で使用すること。）
（3）製作工程（最も能率的な作業方法を知り経済性を高めること。）
（4）材料の選択（工具の特性にあった材料が選定できること。）
（5）熱処理（工具の特性にあった熱処理方法と注意点，熱処理の目的と効果を考えること。）

学習の手びき

今まで学んできた仕上げ法に加えて，治工具を製作するために必要な工具の製作方法について十分理解すること。

第3章の学習のまとめ

この章では，治工具製作に必要な工作機械および治工具製作方法に関して，つぎのことがらについて学んだ。
（1）第1節であげた工作機械は，治工具製作では欠くことのできない工作機械である。
（2）治工具も複雑な形状および高精度・経済性が要求されてきている。条件にあった工作機械を使用し，加工方法を検討していかなければならない。
（3）手仕上げ用の作業工具の製作では，製作する工具の種類，使用目的により最も適した材料を選定しなければならない。また，加工方法（工程）もいろいろ考えられるが，製作能力（設備，技能など）を考慮して，最も効果的な製作方法を選定することが大切である。

このことから，切削工具の製作では，工具の目的が工作物を切削することであるから，材料の選定と熱処理方法，刃部の研削方法について最適な材質と方法を理解して製作に当たる。

（4）ゲージは工作物を測定する場合の基準になるものであるから，製作する場合はラッピングのような精密加工を必要とするゲージもある。また，材質，硬度，検査方法などJISで指定されているものもあるので，製作の際は参考にする。

【練習問題の解答】

1．（ヒント）名称は中ぐり盤であるが，付属工具を使用することにより利用範囲が広くなるし，位置決め精度も高精度である。

　第1節1．1（4）参照
　① 穴径精度の高い加工ができる。
　② 穴ピッチ精度の高い加工ができる。
　③ 各種フライス加工ができる。
　④ けがき，心出し加工ができる。
　⑤ 検査器，測定器として使用できる。
　⑥ 部品の組付け，位置決め作業ができる。

2．（ヒント）工作物の動きと，といしの回転位置を比べてみる。

　第1節1．2参照

　　内面研削盤は，加工物は一定の位置で回転し，といしも一定位置で回転する。
　　ジグ研削盤は，加工物は固定され，といし回転はといし軸が回転しながら円運動をする（遊星運動）。また，内面研削盤では複雑な形状のチャッキングはできないし，2個以上の研削穴加工を持つ工作物はできない。ジグ研削盤では，加工物の加工穴位置はテーブルまたは主軸頭を移動させて求められるため，複数の穴加工ができる。

3．（ヒント）テンプレートを使用するものと，原図を作図して使用するもの，スクリーンに投影して使用されるものがある。

第1節1．3参照

① テンプレートならい研削盤

② 光学式ならい研削盤

③ 光学的投影ならい研削盤

4．（ヒント）フライス盤作業におけるテーブルの動き（XY方向,）スピンドルの動き（Z方向），さらに円テーブルを使用したときの動きについて考えてみること。

第1節1．4参照

工具または工作物の動きによって，一次元，二次元，三次元ならいなどがある。

一次元ならい；一方向（Z方向）のみの運動を制御し，X方向には一定の速さで送り，Y方向には間欠的にピックフィードを行う。

二次元ならい；直角方向（XY方向）を制御し，曲線に沿ってだいたい一定の速さで送られるようにし，Z方向は必要ならばピックフィードを行う。

三次元ならい；一次元ならいと二次元ならいが組み合わされたものである。

5．（ヒント）

① 放電現象を利用した加工法である。

② 電極と被加工体の間は絶縁である。

③ 電極と被加工体の間は必ずすきまがある。

④ 金属溶解の繰り返し加工である。

第1節1．5参照

電極と被加工体におのおの⊕，⊖の極性を与え，電流を流して間隔を近づけると，ある距離になったとき火花が飛び，対向面の一点をたたく。このときの温度は，あらゆる金属を溶かす高温になる。溶解した金属粉は絶縁油の気化したガスの圧力により飛散した油の循環によって極間から外へ流出される。この現象が極面全体にわたって繰り返され，加工が進むのである。

6．(ヒント) 定盤の使用目的から，経時変化があってはならない。

　　第2節2．1参照

　　① 材質，形状，構造，寸法，等級などは，JIS B 7513に準ずる。
　　② 内部残留応力の除去
　　③ 耐摩耗性に富むこと。
　　④ 接触抵抗が少ないこと。
　　⑤ 使用目的に適した剛性があること。

7．(ヒント) 切削工具に適する材料にはどのようなものがあるか（表3－2，表3－4参照）。

　　第2節2．2参照

	材 質	火造り温度	焼入れ温度
きさげ	SKH2（高速度工具鋼）	950～1250℃	1260～1300℃
	SK4（炭素工具鋼）	900～1150℃	760～820℃
たがね	SKS4（合金工具鋼）	800～1200℃	780～820℃
	SK4（炭素工具鋼）	900～1150℃	760～820℃

8．(ヒント) はさみゲージはどのように使用されるか。

　　第2節2．3(1)(f)参照

　　　JIS B 7420に，「内側寸法」，「ゲージ面の平面度」，「ゲージ面の平行度」について検査方法と検査の際に使用する測定器が定められている。

第4章　ジグの組立て，調整および保守

第1節　組立て作業の基本と手順

学習のねらい

ここでは，つぎのことがらについて学ぶ。
（1）部品の積上げ誤差と調整
（2）構成部品の位置決め
（3）作業部の調整
（4）その他の組立て基本作業

ジグは，加工物の形状，作業目的により，形の大小から構造も多種多様である。組立て作業はこれらのジグの目的，使用方法について，よく理解し作業を進めなければならない。

学習の手びき

組立て作業については，今まで学んできた各種の応用であり，本編の各章はもちろんのこと，特に共通教科書第1編 仕上げ法，第3編 機械工作法について十分理解すること。

第2節　各種ジグの組立てと使用例

学習のねらい

ここでは，つぎの各種ジグの製作方法について学ぶ。
（1）穴あけジグ
（2）フライスジグ
（3）旋削ジグ
（4）組立てジグ
（5）検査ジグ

学習の手びき

各種ジグは,その使用目的により特徴を持つ。すなわち,ジグの目的により,ジグを使用する機械も決まり,ジグの構造も変わってくる。したがって,各種のジグを組立てる上で,その使用する機械の構造や行われる作業について十分理解すること。

第3節　ジグの保守と点検

学習のねらい

ここでは,ジグの保守と点検を行うために必要なつぎのことがらについて学ぶ。
(1) 基準の摩耗
(2) ブシュの摩耗
(3) ジグの保管

生産に使用される各種のジグは,いつでも使用できる状態に保ち,生産に支障を与えることがあってはならない。

学習の手びき

基準の摩耗,ブシュの摩耗,ジグの保管と定期点検について十分理解すること。

第4章の学習のまとめ

この章では,各種ジグの組立て,保守などに関して,つぎのことがらについて学んだ。

(1) ジグの組立てに当たっては,その基本となる各編の事項をよく理解しておくことが必要で,特に共通教科書　第1編 仕上げ法,第2編 機械要素,第3編 機械工作法は関連が深い。

(2) ジグの使用目的を達成させるためには,精度と動きを伴う機能部分の両方が満足していなければならない。

(3) ジグの組立てを開始する前にやっておくべきことは,組立ての基準となる平行,平面,直角面の点検である。

(4) ジグは高い精度を要求され,組立てに当たっては積上げ誤差に注意し,調整を加えながら作業を進める。

(5) ジグはその使われる機械，作業の目的によって構造が異なり，したがって製作上の注意点も異なる。

(6) ジグは長い間の使用に耐え高い精度を維持しなければならず，これには日常の管理と使用条件に適合した定期点検などの管理が必要である。

【練習問題の解答】

1. 第1節1．1参照

　　各部分にはわずかずつ誤差があり，この各部分が2つ以上組み付けられると，お互いの誤差が積み重ねられてくる。

　　（補足）組み立てられた状態での寸法許容差と部品許容差の関係をよく理解しておくこと。

2. 第1節1．3参照

　　① 加工物の変形，浮上がり

　　② ジグの変形

　　③ 振動などでゆるまないこと。

3. 第2節2．2，2．3参照

　　① フライスジグ

　　　1) ジグ本体の剛性を増し，品物を切削力の働く点の近くで支える。

　　　2) 切削力は本体で受ける。

　　　3) 締付けカムは振動でゆるまないように調整する。

　　② 旋削ジグ

　　　1) ジグのバランスに注意し，品物を取り付けた状態で確認，調整する。

　　　2) テーパは主軸テーパとよく合っていること。

　　　3) 動的状態での剛性によく注意する。

　　　4) 外周部の面取りは大きめにする。

5. 第3節3．3(3)参照

　　① 基準面の狂い，② 基準面の打こん（痕），③ 締結状態，④ さびの発生の有無，⑤ 寸法の点検，⑥ 各部のきず

　　（補足）①，②は加工物の受け面およびジグの機械への取付け面を点検する。

［選択・機械組立仕上げ法］

指導書

［選択］機械組立仕上げ法

学習の目標

　本編は機械を製作するに当たって，最終的な工程となる部分であって，機械組立て作業者にとっては，最も重要な課題について学ぶものである。

　機械の組立て作業を行うに当たっては，各部分のもつ機能と特性を十分に認識しなけらばならない。また，機械に要求される性能を満足させるためには，それぞれの部品の組付け方法や，それに伴う調整，修理および各種の試験方法について熟知していなけらばならない。さらに経済性と品質の維持向上のためには，JISについて知っていることが大切である。

　このような主旨により，この編ではつぎのことがらについて学ぶ。

（1）　機械組立て作業に当たっての準備
（2）　機械部品の組付け
（3）　機械の組立て調整作業
（4）　製品の各種試験方法

第1章　機械組立ての段取り

第1節　組立て作業の準備

学習のねらい

　ここでは，つぎのことがらについて学ぶ。
（1）　組立図，部品図と各部分との確認についての注意事項
（2）　組立て場所の選定

学習の手びき

1.1 組立図と部品の点検

いかなる場合においても、組立てに入る前に、各部品の確認と、それらの部品の取付け位置、および機能を十分に理解した上で作業に入ることが大切である。納得のいかないものについては、設計者に説明を求めたり、作業の協力者とも十分に理解しあうようにしなければならない。

1.2 組立て場所の選定

組み立てるべき機械の種類、大小、数量などの相違によって、組立て場所はいろいろな変化を生ずる。

したがって、作業場の状況を明確にとらえ、機種に応じた適切な組立て場所を選ぶと同時に、設備を十分に活用できる対策と、安全についての配慮とが必要である。また、組立て終了後の各種検査にも、支障の起こらない環境を選ぶことも大切である。

第2節 組立て作業の段取り

学習のねらい

ここでは、組立て作業の準備としての図面や部品の点検が終わり、組立て場所の選定がすんで、つぎに行うべきことがらについて学ぶ。

学習の手びき

組み立てるべき機械によって準備すべき工具やジグ、取付け具などは異なるが、大切なことは作業がやりやすいように配置することである。

第1章の学習のまとめ

この章では、機械組立て作業前の作業に関して、つぎのことがらについて学んだ。
 (1) 組立図、部品図の対比点検、部品の確認について、その重要性
 (2) 組立て場所の選定
 (3) 機械の組立てに当たっての全般的な段取り

【練習問題の解答】

（1）はめあい（2ページ）

（2）作業台（3ページ）

（3）必要部品（3ページ）

（4）レベリングブロック（6ページ）

（5）類似部品（6ページ）

第2章　機械部品の組付けおよび調整

第1節　締結部品による組付け作業

学習のねらい

ここでは，つぎのことがらについて学ぶ。

(1) ボルト，ナットをはじめ各種ねじ部品の締付け工具，締付け方法や緩み止め
(2) 各種キーの取付け方
(3) ピンによる機械部品の組付け
(4) コッタによる機械部品の組付け
(5) リベットによる結合とかしめ方
(6) 圧入，焼きばめおよび冷しばめに必要なしめしろの算出方法と結合の手順

学習の手びき

1．1　ねじ部品による組付け

① 締結部品の不完全な組付けは，機械の寿命を縮めるだけでなく，事故を誘発し，災害を伴うことがあるので，特に詳細な知識を必要とする。
　　組立て作業のなかでは，ねじ部品による組付けは重要な，しかも頻度の多い作業であるから，よく理解しておかなければならない。

② ねじ部品による締結で大切なことは，そのねじ部品に適する締付け工具を使用して，それぞれのねじの呼び径に応じた締付け力で締め付けることである。この締付け力が弱いと，使用中にねじが緩むことがある。また，締付け力が強すぎると，ねじ山がつぶれたり，おねじが切断するという事故になる。

③ 一般には，ボルトの呼び径に合った規格のスパナあるいは締付け工具を使用すれば，普通の人が力を入れて締め付けたとき，ちょうど規定のトルク値になるように，工具の大きさは設計されている。しかし，重要部分の締付けには，トルクレンチを用いて確実に締め付けるようにしなければならない。

④ ボルトの締付けを行うとき,そのボルトの材料の強さ,すなわち降伏点または耐力を考慮して,締付け強さの加減をすることは重要なことである。

なおボルトの締付け強さをトルクによって管理する方法のほかに,ナットの回転角で管理する回転角(締付)法についても知っておく必要がある。

⑤ 気密を要する部分のカバーなどは,一般に多数のボルトで締め付ける。しかし,すべてのボルトが平均に締まっていないと漏えいを起こすことになるので,締付け順序については,よく研究しなければならない。

⑥ 植込みボルトの植込みには,植込み側(平先)を誤らないようにしなければならない。また,植込み深さは材質によって異なるが,きりによるねじの下穴の深さは,有効ねじ部の長さよりさらに5～10mm深くしないと,めねじが完全に切れないので注意しなければならない。

⑦ 小ねじの締付けは頭部のすりわりや,十字穴にしっくり合うねじ回しを用いなければならない。合わないねじ回しを用いると,頭部のすりわりや溝を傷めて,締め付けられなくしてしまうことがある。

⑧ ボルト,ナットの緩み止めについては,その部品の使用条件によって設計段階で決定されるのであるが,それぞれの緩み止めの効果の相違について,よく理解しておかなければならない。

1.2 キー合わせ

キー合わせの要点は,そのキーの種類と使用目的に応じて,幅のきかせを重点とするか,上下面でのきかせを重点とするかの判断をすることにある。

また,機械加工における軸とボスの穴とのはめ合いの程度も考慮しなければならない。

さらにキーの使用目的に応じて,キーを仕上げるときの表面の粗さも重要な要素である。

1.3 ピンによる組付け

ピンによる固定や位置決めは,組付けが比較的に簡単で確実なため,あまり力のかからない結合に用いられている。

また,シャーピンと呼ばれるピンでは,過度の力が作用したときに切断されて,他の部品に損傷を与えることを,未然に防止するようにしたものもある。

ピンの種類の中には割りピンがあるが，これはねじの緩み止めとして使われることが多い。

1．4　コッタによる組付け

コッタは主に軸方向の力のかかる2軸（たとえばピストンロッドとスライドシューのように往復運動をする部分）の結合に用いられ，回転軸にあまり用いられない。

伝達する力や大きさや，取外しの回数の度合いによってこう配が異なる。

1．5　リベットによる結合

半永久的な結合法としてのリベットは，異質材料でも結合でき，溶接法とは違った特長もあって用いられている。

しかし，一般には分解をたびたび行うようなところには不適当なので，工作機械をはじめとする機械部分にはあまり使われていない。

リベットが用いられているのは，車両の外板の合わせや，小形計器の部品の取付けなどにその例を見ることができる。

1．6　寸法を利用する結合

軸とボスの穴との寸法をしめしろが生ずるように仕上げ，これをつぎのようにして結合する方法がある。

① プレスやハンマによって圧入または打込み。
② ボスを暖め，膨張させて軸にはめ，冷えるとしまる焼きばめ。
③ 軸を冷却し，収縮させてボスにそう入し，常温に戻るとしまり勝手になる冷しばめ。

これらの結合法では，軸と穴の寸法差をどのように設定するかということと，温度条件の設定とが重要な課題である。

なお，焼きばめにおいて，加熱しすぎると酸化膜を発生したり，材質に変化を生ずることになるので注意しなければならない。

冷しばめは一般には日常応用されることが少ないので，本文において説明は省略する。

第2節　軸関係の組付け作業

学習のねらい

ここでは，軸のもつ重要性と，つぎのことがらについて学ぶ。

(1) 軸継手の取付け方
(2) ころがり軸受，すべり軸受の組付け

学習の手びき

軸，軸継手および軸受の種類と特長については，共通教科書 第2編を参照すると，理解を早めることができる。

2．1　軸の点検

軸は機械の中枢部品であるから，組み付ける前に十分に点検して，欠陥のないことを確認しなければならない。

2．2　各部品の組付け

(1) 軸継手

機械の構造，または軸の長さの関係から軸継手を用いる。しかし，軸を支える位置が離れていると，2軸を同一直線上に継ぎ，1本の軸と全く同様な状態にすることは非常に困難なことである。また，フランジ軸継手はたわみ軸継手としても用いられるが，いずれの場合も，2軸を一直線上に組み付けることが大きな課題である。

(2) 歯車，ベルト車等

これらはいずれも軸から軸へ回転運動を伝える媒体である。したがって，これらのボスの穴および軸のはめあいをよく調べてから組み付けるようにすることと，すでに学んだところのキーによる結合の注意点とをよく考えることが大切なことである。

(3) 軸　　受

① ころがり軸受の組付けには，内輪と軸をしまりばめとした内輪回転と，外輪とハウジングをしまりばめとした外輪回転とがある。しかし，一般に内輪回転とするのが普通で，外輪回転とすると軸受けの寿命が短くなる。

ころがり軸受を打ち込むときは，木ハンマを使うと，ごみが組付け箇所に入りやすいので，ジグを用いてプレスで圧入することが好ましい。しめしろの大きい軸受では，100℃くらいに暖めた油槽に浸して，膨張させてから速やかに圧入する方法が広く行われている。

② スラストころがり軸受は，回転軸側にしめしろが与えられているのが普通である。

ころがり軸受へのグリースの給油は，ハウジング内の空間容積の1/2～1/3程度の量が適当で，あまり詰め込みすぎると，グリース自体の摩擦により，熱くなるので注意しなければならない。

③ すべり軸受はブシュ型と割り型に大別できる。ブシュ型は一般に圧入を必要とすることから，圧入による穴径の変化についての配慮が必要である。

また，割り型では，すべり面のすり合わせが大きな課題となり，光明丹などによる当たりの配分には多くの経験を必要とする。

④ これらの軸受を組み付けたら，手回しで軽く回転させて，組付けの状態を確認しておくとよい。

第3節　伝動装置部品の組付け作業

---　学習のねらい　---

動力を伝える機械部品の組付け方法として，ここでは，つぎのことがらについて学ぶ。

(1) 歯車箱への組付け
(2) 平行軸の組付け
(3) 歯車，ベルト車，鎖車などの位置の確認
(4) フランジ形軸継手の心合わせ
(5) 歯車のバックラッシと歯当たり
(6) ベルトおよびチェーンの掛け方

学習の手びき

3.1 歯車箱への組付け

歯車箱とは,かならずしも箱の形をしているもののみに限定することはない。開放されたフレーム構造のものも歯車箱の延長と考えてよい。

このような歯車箱にあっては,前の工程における機械加工によって,軸心距離の精度が決められることが多いので,まず軸心距離の確認を行う必要がある。この確認に基づいて組み付けるべき軸と歯車の寸法精度,さらにはバックラッシなども考慮しながら組み付けていくようにしなければならない。

3.2 平行軸の組付け

2以上の数の軸が,互いに平行に取り付けられる機械の例は多い。この場合,歯車箱によらないで,それぞれの軸ごとに軸受けを取り付けていくとき,その軸心の出し方と相互の軸の平行度の確認方法とが重要課題となる。

3.3 歯車,ベルト車などの位置の確認

これらの取付けに当たっては,それぞれの軸の直角方向の心を一致させることが大切なことであって,この心が合っていないと,歯車の片減りの原因となり,平ベルトではベルトが外れやすく,Vベルトではベルトの側面を傷めることになる。

3.4 フランジ形軸継手の心合わせ

フランジ形軸継手のうち,自在形はある程度の軸心の曲がりに対応できる。しかし,固定形では,軸心の曲がりあるいはずれがそのまま軸の振れなどの現象となって表れるので,注意しなければならない。

3.5 歯車のバックラッシと歯当たり

歯車の組付けは,最終的に運転したときに,騒音や振動が最も少ない状態に組むことが大切で,そのためにはバックラッシの調整と,歯当たりの検査および修正に重点が置かれる。

歯車装置は多くの部品によって組み立てられているため,たとえば個々の部品が指定

の公差内に仕上がっていても，これらの小さな誤差の累積により，どうしても組立て時の調整が必要で，その調整のおもなものがバックラッシの調整である。したがって，適正なバックラッシの見出し方についての十分な知識を必要とする。

また，組み立てた後に歯当たりの検査を行うが，歯当たりの状態は無負荷のときと，負荷を加えたときでは多少異なるのが普通である。いずれの場合に重点を置くかは，その機械によって異なる。一般には，負荷時の歯当たりに重点を置く。

3.6 ベルトおよびチェーン

平ベルトは，ベルト車の位置が正しくないと外れやすく，軸間距離が長い場合にベルトの速度が早いと波打ち現象を起こして，ベルトの寿命を短くする。

Vベルトは長さの調節ができないので，原動機を取り付けるベースなどによって張力を調整することになる。数本のVベルトを使うときには，それぞれのVベルトが同じような張力になるようにしなければならない。したがって，この中の一本が不良になったとき，同時にすべてのVベルトを交換するのが一般的である。

チェーンの取り付けに当たっては，スプロケットの心が正しく出ているかどうかを確かめなければならない。この心が正しく出ていないと，チェーンをねじることになり，チェーンの寿命が短くなる。

第4節　シール部品の組付け

学習のねらい

ここでは，つぎのことがらについて学ぶ。
(1) 機械部分の漏れ止め
(2) 管継手の漏れ止め

学習の手びき

4.1 機械部分の漏れ止め

機械は運転中の円滑と摩耗の防止のために，一般には潤滑油を必要とする。潤滑の方法はいろいろあるが，この潤滑油が機械の外部に流れ出るようなことになると，機械の

外観が汚らしくなるばかりでなく，油の補給などの問題が生じてくる。

　このように，潤滑油が外部に漏れるのを防止したり，あるいは圧力をもった容器の一部を貫通する軸部から，容器内の気体や液体が漏れるのを防止する目的で使われるものに，つぎのようなものがある。

① Oリング
② オイルシール
③ Vパッキン
④ メカニカルシール

　これらのシール部品は，それぞれ使用目的が異なり，またその形状や構造も種々あるので，これらの特徴と使用法をよく理解しておかなければならない。

　これらはいずれもJISで詳細に規定されているが，これらの種類と用途を知ることにより，組付けに当たっての注意事項をよく身につけておくようにしなければならない。

4．2　管継手の漏れ止め

　管継手は大別するとねじによるものとフランジによるものとになる。

　ねじによる管継手は，一般には管の呼び径250A程度以下の小径のものに使われ，フランジ管継手は小径から大径まで広く使われている。フランジ継手では直径1mでも3mでもあらゆる大きさにつくることができる。

　このようなフランジ管継手であるので，その使用圧力も千差万別である。したがってこのフランジの結合面をシールするガスケットもまた種類が非常に多い。

　ガスケットを大別すると軟質と硬質があり，一般には一定の大きさの板状のものが市販されている。この一定の大きさの板状のガスケットを定尺ものと呼んでいる。同一形状のものを多数必要とするときには，成形したもので購入することもできる。

　ガスケットをフランジ間に装着するときには，当然のことながらきずをつけないようにしなければならない。

　ボルト・ナットの締め過ぎによる欠陥や，いったん圧力を加えた後の増し締めについて，詳細な知識を得ることと，ただ単にガスケットを用いて密封し，漏れなければよいというだけでなく，その後の処理や定期的な漏れの点検も大切なことである。

　硬質ガスケットは，一般に金属によるものが多く，過酷な条件に耐えることができるが，復元力が乏しいので，接触面にごみやきずのないように特に細心の注意を必要とする。

第5節　ばね部品の組付け

学習のねらい

ここでは，つぎのことがらについて学ぶ。
（1）コイルばね
（2）板ばね
（3）ばね部品

学習の手びき

ばねは，つぎにあげるような目的に使用される。機械部品としては，おもに緩衝用として用いられるが，引張り力または圧縮力を与える目的にも使われる。

① 振動や衝撃力をやわらげる緩衝用
② ばねに蓄えられたエネルギーを利用する動力用
③ 圧縮力または引張り力を与える。
④ ばねの変形量は外力に比例することから，ばねばかりなどの計量用

前にあげたばねの種類の中で，機械部品として多く使われるのは，コイルばねのうちの圧縮コイルばねと引張りコイルばねである。

圧縮コイルばねでは，座屈についての考慮が必要であり，引張りコイルばねでは，フック部に力が集中するので，その部分の応力集中を小さくするための考慮が必要である。

第2章の学習のまとめ

この章では，機械部品の組付けに関して，つぎのことがらについて学んだ。
（1）締結部品による組付け作業
　　① ボルト・ナットの締付け力（トルク法と回転角度法について）
　　② キー合わせのポイント
　　③ ピンによる組付けの要点
　　④ コッタによる結合
　　⑤ 焼きばめに必要な加熱温度の計算

（2） 軸関係の組付け
（3） 伝動装置部品の組付け作業
　① 歯車箱あるいは平行軸の軸心の確認方法
　② 伝動媒体の取付け位置
　③ 歯車のバックラッシと歯当たりの問題点
　④ ベルトやチェーンの長さの求め方と取り付け方
（4） シール部品の種類と用途およびその組付け方
（5） ばね部品について，その種類と問題点

【練習問題の解答】
（1） 炭素鋼（8ページ）
（2） 締付け力（13ページ）
（3） 締付けトルク（14ページ）
（4） 回転角（16ページ）
（5） 片締め（17ページ）
（6） 面取り（またはC）（20ページ）
（7） 丸み（またはr）（20ページ）
（8） すきまばめ（22ページ）
（9） 軸（23ページ）
（10） 穴（26ページ）
（11） 膨張や収縮（26ページ）
（12） すきま（31ページ）
（13） 精度（35ページ）
（14） 設定（39ページ）
（15） バックラッシ（40ページ）
（16） オフセットリンク（46ページ）
（17） 面取り（48ページ）

第3章　機械の組立て調整作業

第1節　すべりしゅう動部の組立て作業

学習のねらい

ここでは，つぎのことがらについて学ぶ。
(1) 案内面の種類と構造
(2) 平形およびあり溝しゅう動面のきさげ仕上げの順序とジブの調整
(3) しゅう動面の油溝の加工と当たりの調整

学習の手びき

機械は，その機械を構成する各要素の部品が，一定の動きをすることによって目的の働きをする。

この一定の動きをみると，軸と軸に取付けられた部品が回転するいわゆる回転運動と，一定の案内面にそって直線的あるいは円弧状に往復するすべりしゅう動運動がある。

回転運動に関係する軸，軸受あるいは歯車などの部品については，すでに前章で学んだところである。本章ではすべりしゅう動部の組立て調整について学ぶが，各種機械の中でも工作機械はこのしゅう動部の工作精度が重視されるので，第1節では工作機械に例をとって学ぶことにする。

1．1　案内面の構造

工作機械のしゅう動部は精度と寿命に大きな影響を与えると同時に基準となるものが多い。案内面の形状には重量物を支えるしゅう動面は平形が多く，比較的軽量では真直度の調整が容易な山形が用いられている。中量級では，これらを併用したものが多い。

1．2　平形しゅう動案内面のきさげ仕上げ

しゅう動部のきさげ仕上げは一面ごとに完全に仕上げてから，つぎに移ることが大切で，不完全なままつぎに移っていくと最終的に調整ができなくなるので，納得できるまできさげ仕上げを行うと同時に当たりについては，それぞれの機械の精度に応じた当た

りをとりながら，最終的に長手方向について，使用度の多い部分をやや中高とする配慮を必要とする。

1.3 あり溝しゅう動部のきさげ仕上げ

おす型とめす型の合わせについては，一般にめす型のほうが工作が困難なため，最初にめす型を作り，続いてこれに合わせておす型を調整するほうが，後々の工作に便利である。また，一般にジブを用いてすきま調整するため，めす型の精度は一方だけで十分で，ジブの入る側については，ほとんど機械加工のままでよい。

また円筒ころを用いて両あり溝の幅寸法を測定するのは，おもに平行度を確かめるためで，ダイヤルゲージを用いて一方のあり溝を基準に平行度を測定しながら仕上げてもよい。

1.4 油溝の加工

溝たがねによってはつるが，最近の量産工場では空気機器によって油溝が加工されている。しゅう動面の一方だけでよく，一般に移動側のしゅう動面，または露出しない面側を選ぶとよい。

1.5 当たりの調整

しゅう動面は摩耗が激しく，工作機械のように長期間にわたって高精度を維持させるためには，重量のかかる部分や使用度の多い部分についてはやや中高とし，その対応するしゅう動面は逆に中低とするのが普通である。

第2節　ねじ機構の組付け

学習のねらい

ここでは，つぎのことがらについて学ぶ。
（1）ねじ機構の円滑な運動の条件
（2）ブシュ形およびハーフナットのめねじを用いたねじ機構の組付け

学習の手びき

おねじは細長く変形を生じやすいので,保存には十分注意して,取付け時にはきずや曲がりを確かめ,組み付ける前にめねじをはめ合わせる。

2.1 ブシュ形のねじ機構の組付け

代表的なものとしてフライス盤のテーブル送り機構についてとりあげたが,これは基本的なもので,刃物送り台はおねじを2点で支えるだけで,より簡単であるが,おねじとめねじの中心が一致していることが大切である。

フライス盤のテーブル送り機構に属するものは3点支持のためおねじをベッドしゅう動面と平行に取り付けるのにくふうを必要とする。

分解時は必ず止めナットの位置やブラケットの合わせ目に合い印を付けておくことを忘れてはならない。

2.2 ハーフナット形のねじ機構の組付け

旋盤の往復台の移動機構に用いられるもので,必要に応じて所用の位置で,めねじをおねじとかみ合わすことができる。一般におねじが長いため,たわみに対応できる構造がとられ,めねじに自動調心が可能な対策がとられている。

第3節　機械の組立て調整

学習のねらい

ここでは,機械の組立て作業の順序と調整の要点を,つぎのことがらについて学ぶ。
(1) 旋盤の組立て作業順序と調整
(2) ひざ形立てフライス盤の組立て作業順序と調整
(3) 仕切弁の組立て作業順序,調整と試験

学習の手引き

3.1 旋盤の組立て作業

旋盤をはじめとし,すべての工作機械の組立ては必ず基準となる面を定め(旋盤では

ベッド面上），水平を出し，安定した状態で次の順序によって組立てていく。

① ベッドのすり合わせ
② 往復台の組付け
③ 横送り台の組付け
④ 回転台の組付け
⑤ 主軸台の組付け
⑥ 心押し台の組付け
⑦ エプロンと親ねじの組付け

3．2 立てフライス盤の組立て作業

立てフライス盤の組立ては，まず基準となる主軸頭を組み付けてからつぎの順序に従って組み立てていく。

① コラムのしゅう動面をきさげ仕上げする。
② サドル下面のしゅう動面を仕上げる。
③ ニーのサドル側のしゅう動面をサドルに合わせながらきさげ仕上げする。
④ ニーのコラム側しゅう動面をサドル側で直角を確かめながらきさげ仕上げする。
⑤ ニーおよびサドル下面にジブ合わせしてしゅう動を調整する。
⑥ サドル上面しゅう動面をきさげ仕上げする。
⑦ テーブルしゅう動面をテーブル上面およびテーブル面のＴみぞと平行に仕上げる。
⑧ テーブルしゅう動面のジブ合わせをする。
⑨ 各ねじ送り機構を取り付ける。

この段階で精度検査を一通り行い，修正はおもにサドルを中心に行う。その後自動送り装置，給油装置および動力関係を組み付ける。

3．3 仕切弁の組立て作業

仕切弁の構造は教科書に図示したように複雑なものではないが，組立ての順序と組立て途中での点検調整が正しく行われないと，仕切弁としての機能を果たせなくなるので，教科書に示した要点を十分に理解するとともに，他の小形機器についても，同様の考え方をもって対処することが大切である。

第4節　機械のすえ付けと試運転

学習のねらい

ここでは一般の機械のすえ付け作業に共通の要点として，工作機械の例について学ぶ。

学習の手びき

4．1　工作機械のすえ付け

ロープまたはワイヤを使用して工作機械をつり上げたり移動するときは，必ず安全荷重を確かめ，工作機械に触れるところにはウェス等を用い，きずを生じないよう，また工作物に過度の衝撃を与えないよう注意すると同時に，ワイヤロープの位置は仕様書にしたがうが，全体の重量のバランスを考えて静かにつり上げる。

重量のある工作機械の基礎造りは仕様書に従い，十分重量に耐え得るものでなくてはならない。

4．2　工作機械の試運転

試運転は機械の水平出しを行ったのち，指定の油を給油し，試運転後は油量の変化が著しいので，再度確認し指定量より不足している場合はただちに補給する。

試運転は先ず手回しで各部のしゅう動を確かめることによって，クランプの締め忘れを防ぎ，移動中に生じた欠陥を発見することができると同時に，支障のあるときも最小限の事故にとどめることができる。

第5節　機械の保全と調整

学習のねらい

機械は使用していくにつれて，各部品とくに回転軸の軸受部，しゅう動部，歯車の歯面などは摩耗と劣化していくことは避けることができない。この摩耗と劣化を最小限にくい止めるための保全管理，精度の回復のための調整について学ぶ。

学習の手びき

5.1 保　　全

　保全には毎日行うものと定期的に行うものがあるが，とかく日常の点検はなおざりになりがちなので，特に注意する必要がある。
　また，適切な保全を行うには機械各部の内部機構を十分理解しておくことが大切である。

5.2 調整と修理

　定期的に精度検査を行うことも大切であるが，日常においても異常な音や振動については留意して，異常および故障の早期発見に努めることが大切である。一般に調整についてはそれぞれの機械の仕様書にその手順と方法が示されているので，これに従って行うが，ここではフライス盤を例にあげて説明する。
　修理は調整の限度を越えたとき，または事故により故障したときに行うが，これには分解が必要となってくる。分解はむりすることなく，あとで復元することを常に考えて，分解前に故障箇所の確認と同時に原因を追求し，その対策も考えておくことが大切で，必要に応じて合印をつけておく。また多くの部品を扱う場合には，各部品に番号札をつけ，スケッチなどによって取付け位置を記録しておくことも大切である。よく座金やピンが残って，あとで再び組み直す失態を演じることがある。

5.3 機械各部の調整例

　機械各部の調整方法をフライス盤について学ぶが，他の工作機械をはじめ，一般機械もこれに準じて行うようにすればよい。

第3章の学習のまとめ
　この章では機械の組立て・調整について，つぎのことがらについて学んだ。
（1）　案内面の構造と各面のもつ役割
（2）　平形案内面およびあり溝形しゅう動部のきさげ仕上げの方法
（3）　油溝の加工法
（4）　当たりの調整
（5）　フライス盤のテーブルねじ送り機構の組付け

(6) 旋盤の往復台ねじ送り機構の組付け
(7) 旋盤の組立て順序と調整
(8) 立てフライス盤の組立て順序と調整
(9) 仕切弁の組立て調整
(10) 工作機械の移動およびすえ付け方
(11) 一般工作機械の試運転の手順
(12) 保全についての重要性と対策
(13) フライス盤の各部の調整
(14) 分解・修理についての対策

【練習問題の解答】
(1) しゅう動部（63ページ）
(2) テーブル（67ページ）
(3) 主軸頭（72ページ）
(4) 水圧テスト（75ページ）
(5) くさび（75ページ）
(6) 新品（78ページ）

第4章　製品の各種試験方法

第1節　機械の精度検査と運転検査

―― 学習のねらい ――

ここでは，つぎのことがらについて学ぶ。
(1) 検査一般について
(2) 工作機械の精度検査と運転検査

学習の手びき

1.1　検査一般

　機械が組立て完成されれば，設計どおりにできているか，必要とする機能を果たすことができるかを確かめる。これが検査であって，静的な寸法精度，運転に伴う動的検査および外観などの目視検査などがある。

1.2　工作機械の精度検査と運転検査

　精度検査は工作機械の静的精度を主とするもので，必ずしも製品化されたときに行うとは限らない。使用中の機械の劣化の確認や組立て工程中における精度の確認についても行われる。
　機械である以上当然のこととして，精度検査に加えて機能上の検査として運転検査が実施されるが，さらにその機械によって製作された工作物の形状精度や加工時における剛性検査が行われる。
　工作機械の精度検査と運転検査に関しては，工作機械の種別ごとに，JISに詳細な規定が設けられてており，これに従って検査記録が作成されることになっている。
　教科書巻末にJISの一部を抜粋してあるので参照すること。

第2節　耐圧および気密試験

― 学習のねらい ―

ここでは気密，圧力容器に対するつぎの試験方法について学ぶ。
（1）圧力試験の方法
（2）水圧試験の方法と注意事項
（3）空気圧による圧力検査と気密試験

学習の手びき

　大形の油槽やガスホルダから小形の空気圧縮機の空気だめに至るまで，密閉された圧力容器については，その容器が所要圧力に十分耐えられるかを確認し，保証するための検査をしなければならない。
　そのための検査が耐圧試験と気密試験で，これらについて十分に理解すること。
　なお，
① ボイラー及び圧力容器安全規則
② 消防関係法規
③ 高圧ガス取締法による規則
④ 労働安全衛生法による規則
など，それぞれの容器ごとに厳密な規定があることも知っておくとよい。

第3節　釣合い試験

― 学習のねらい ―

ここでは，つぎのことがらについて学ぶ。
（1）不釣合いの要因としての静不釣合いと偶不釣合い
（2）1面釣合せと2面釣合せ
（3）回転体の種類による許容残留不釣合い
（4）ロータの釣合い良さの表し方と等級の定め方
（5）釣合い試験機の構成と取扱い

学習の手びき

3．1　不釣合いの要因

不釣合いは，薄い円板では軸を通して2本のレール上に転がせば，重いほうを下にして静止するので容易に判定できるが，厚みのあるものでは不釣合いの所を知ることは非常に困難である。前者を静不釣合い，後者を偶不釣合いといい，回転体の多くはこの両者が共存しており，この状態を動不釣合いとよび，振動の原因となる。

3．2　1面釣合せと2面釣合せ

回転体の不釣合いを修正することを釣合せといい，厚さをほとんど無視できるときは1面だけの釣合せを考えればよいが，軸方向に厚みのある回転体では，中間における不釣合いを考えずに，回転体の重心の位置を算出して，両面までの距離を求め，それぞれの面について修正を行う。

3．3　許容残留不釣合い

完全に不釣合いを取り去ることは不可能なため，回転体の使用目的によって許容できる範囲内の不釣合いを実験的に定めておくことが大切である。

3．4　回転機器のつりあい良さ

JIS B 0905には剛体ロータの釣合い良さについて，釣合い良さの定義および釣合い良さの表し方と等級との関連が示されている。等級の選定に当たってはつぎのことを考慮して決定する。

① ロータの回転速度
② 軸受けの剛性と大きさ
③ 機械全体に対するロータ部分の重量比
④ 振動の影響の許容値
⑤ ロータの形状の非対称の度合

以上は釣合い試験機で行うのが普通であるが，G0.4級では機械に組み込んでから再度測定を行う必要がある。

3.5 釣合い試験機

釣合い試験機はどの位置にどれだけの量を修正したらよいかを知ることができるもので,静不釣合いには重力式が用いられ,動不釣合いには遠心力式が多く用いられている。

試験機の構造は各メーカによって異なるが,大別すると振動から検出するソフトタイプと,回転体に振動を許さない保持法により遠心力をもとに不釣合いを検出するハードタイプがある。いずれの場合も最近の試験機では指示計に不釣合いの位相と同時に修正量が示される。

第4節　騒音の測定

学習のねらい

ここでは,つぎのことがらについて学ぶ。
(1) 騒音の定義と騒音計
(2) 騒音の測定条件と要点
(3) 歯車装置および工作機械の騒音レベルの測定方法

学習の手びき

4.1 騒　　音

最近の公害問題を含めて,騒音はないほうが好ましいが,機械は運動体である以上音の発生は止むを得ない。音にはいろいろあるが,その中でないほうがよいと思われる音を騒音とよび,騒音レベルの測定値にdB(デシベル)が用いられる。

4.2 騒　音　計

現在実用的な普通騒音計が市販されている。

音質によって騒音計の感度が異なるため,聴感補正回路の種類はA,B,Cの3種類があり,騒音の測定値については必ず使用した補正回路の種類を明記する。

4．3　測定条件と測定上の要点

　機械自体の発する騒音とは別に，機械の置かれている周囲の騒音がある。この騒音を暗騒音といい，この暗騒音と機械自体が発する騒音と重なって騒音はさらに大きくなるのが普通であるが，暗騒音を完全に取り除くことは困難なことから，対称となる音のあるときとないときの差が10dB以上のときはそのまま機械の騒音とするが，10dB以下では補正する必要がある。

　また，反射音の影響も大きいので，マイクロホンの位置に留意し，外的要因の加わらないよう厳格な測定では十分な配慮が大切である。

　騒音も時間の経過に伴って変動するものや，間欠的に発生するなど条件が種々異なるので，その対策と騒音の表示法について知っておく必要がある。

4．4　歯車装置の騒音測定方法

　歯車装置の騒音測定方法は，JISに測定場所，運転条件および測定方法とその結果の記録について規定がある。

4．5　工作機械の騒音レベルの測定方法

　旋盤，ボール盤，フライス盤，研削盤についてはJISに測定場所および暗騒音による補正量，また無負荷運転騒音レベルの測定に関する項目が規定されている。

第5節　振動の測定

学習のねらい

　ここでは，つぎのことがらについて学ぶ。
（1）振動の定義，波形
（2）振動計の原理，種類
（3）工作機械の振動検査

学習の手びき

5．1　振動と波形

　振動も音と同様に公害を伴い，機械に与える影響は音より大きいが，性質については共通するものがある。その1つは振動を波形で表すことができることである。振動の波形にも種類があるが，基礎となるものは正弦波で，他の波形は正弦波を基調として考慮していく。

　振動数は1秒間に繰返されるサイクル数Hzで表し，振幅はμm単位で示す。

5．2　振　動　計

　振動計は各メーカによって種々考案されているが，形式からつぎのものに分類できる。
① 　機械式振動計
② 　光学的振動計
③ 　電気的振動計

　その他，簡易な振動の測定方法としてダイヤルゲージを用いたり，固有振動数の知れた鋼片を振動体に順次触れさせて，共振を起こす振動片から振動数を知ることができる。また，振動体に細線を描き，この線の振幅を測微顕微鏡で読みとる方法がある。

5．3　工作機械の振動検査

　旋盤，フライス盤，ボール盤および研削盤について騒音と同様にJISに規定されている。その他の工作機械についてもこの規格に準じて行うことが望まれている。

　JISには，測定方向，測定箇所，運転条件別による測定方法および測定値の表示について詳細に説明がなされている。

第4章の学習のまとめ

　この章では，組立てた工作機械の精度検査・運転試験方法をはじめ各種試験方法に関して，つぎのことがらについて学んだ。

（1）　工作機械の精度検査
（2）　工作機械の運転試験方法
（3）　水圧試験の方法
（4）　空気圧試験の方法と危険性
（5）　漏えいの検出方法
（6）　静不釣合いと動不釣合い
（7）　1面釣合せと2面釣合せ
（8）　許容残留不釣合いについて，回転体の種類による許容量および等級について
（9）　回転機器の釣合い良さ
（10）　騒音の定義および騒音計
（11）　暗騒音による補正
（12）　騒音の指示の時間的変化についての整理
（13）　歯車装置の騒音の測定および記録
（14）　工作機械の騒音の測定と補正および反射音や外的要因についての対策
（15）　振動の定義と振動数，振幅の表し方
（16）　振動計の原理と振動の測定

【練習問題の解答】

（1）　運転精度（84ページ）
（2）　機能（85ページ）
（3）　水圧試験（86ページ）
（4）　不釣合い（88ページ）
（5）　環境騒音（96ページ）

第5章 ジグ，取付け具

第1節 ジグ，取付け具の使用目的と区別

― 学習のねらい ―
ここでは，ジグおよび取付け具の用語の意味と区別について学ぶ。

学習の手びき
(1) ジグ，取付け具はなぜ使われるのか。
(2) ジグと取付け具の違いはなにか。

以上のことがらについて理解すること。

第2節 ジグ，取付け具の分類

― 学習のねらい ―
ここではジグ，取付け具の種類と，いろいろな分類法について学ぶ。

学習の手びき
(1) ジグ，取付け具の機能的な分類はなにか。
(2) ジグ，取付け具の用途による分類はなにか。
(3) 作業の種類に応じたジグ，取付け具はなにか。

以上のことがらについて理解すること。

第3節　ジグ，取付け具の基本構造

──　学習のねらい　──

　ここではジグ，取付け具の基本構造の要点について学ぶ。ジグ，取付け具を使用するとき，あるいはこれらを製作するときに必要なことがらであるから，十分に理解しておくこと。

学習の手びき
（1）　工作物の位置決め方法にはどのようなものがあるか。
（2）　位置決めについての注意事項はなにか。
（3）　工作物の締付け方法の種類と特徴はなにか。
（4）　切削工具の案内方法
以上のことがらについて理解すること。

第4節　工作機械で使われるジグ，取付け具

──　学習のねらい　──

　ここでは各種工作機械で使われるジグ，取付け具のうち旋盤用，フライス盤用およびボール盤用について学ぶ。

学習の手びき
（1）　旋盤用のはん用ジグ，取付け具
（2）　フライス盤用のはん用ジグ，取付け具
（3）　ボール盤用ジグ，取付け具
以上のことがらについて理解すること。また，ジグといえば穴あけブシュといわれるくらい穴をあけるジグが使われることが多いことも理解しておくこと。

第5章の学習のまとめ

この章ではジグ,取付け具に関してつぎのことがらについて学んだ。

(1) ジグ,取付け具の種類と使用目的
(2) ジグ,取付け具の種類
(3) 位置決め,締付け,切削工具の案内の注意点
(4) 工作機械で使われるジグ,取付け具の種類

【練習問題の解答】

(1) 位置決め(111ページ)
(2) 基準(112ページ)
(3) 変形(113ページ)
(4) 差込み(115ページ)

一級技能士コース

仕上げ科〔指導書〕

昭和52年4月25日　初版発行
平成8年3月25日　改訂版発行
平成14年3月20日　2刷発行

　　　編集者　雇用・能力開発機構
　　　　　　　職業能力開発総合大学校
　　　　　　　能力開発研究センター

　　　発行者　財団法人　職業訓練教材研究会
　　　　　　　東京都新宿区戸山1-15-10　電話　03(3202)5671

編集・発行者の許諾なくして，本教科書に関する自習書・解説書
もしくはこれに類するものの発行を禁ずる。